玩包主義

時尚魔法 fun 手作

一個小袋子工作室 **李依宸** 著

依宸的真心話

是個美麗的緣份吧！我想。

當我有想法要將自己多年的教學經驗集結成書時，就正好認識了我的編輯－維文，溝通著彼此的想法後，我倆都充滿了興奮之情，眼睛閃閃發亮的，於是展開了這長達 1 年 4 個月的企劃準備。其中，打版教學的部分，是個很大的挑戰，為了如何呈現最完整的方式而一再討論與演練，也曾一度想要放棄這個單元，但一股熱情與衝動讓我堅持下去，一心想要達成最初的理想。拍攝作品情境時也是萬般用心規劃，朝著我想要的時尚精品風格邁進，所以這本有著全新時尚視覺的手作書，就這麼亮麗登場了。

這一年多是我發呆最多的日子了，先將腦子沈澱下來，再裝入不同的思維，期待自己也可以跳脫一些框架，而我最喜歡與享受的就是設計製作的過程，有著期待與驚喜，就像拆禮物般充滿興奮感，因為嘗試了很多不同於以往的技法，以及運用了很多異材質來搭配，所以每一個作品都有著我的心情寫照，而我也很認真地想把我的專業藉由這本書跟大家分享。這本書走的雖然是時尚風格，但我仍想保有手作的靈魂，將手作的美感、特色與流行時尚融合，來表現出個人的風格及品味。

常有朋友問起工作室取名「一個小袋子」的由來，主要是因為我覺得每個人心中都有個小袋子，裡面可以裝著自己的一切喜、怒、哀、樂，而每個作品一定也不會忘記要加個小袋子來收納自己珍視的東西，而手作是幸福、開心的，一定要有個小袋子來收藏這些美好的心情不是嗎？所以「一個小袋子」收藏著我滿滿的幸福感受與未來的夢想！

　　再者，想要感謝的人真的很多，尤其是我的前老闆－臺灣喜佳的范董事長的大力支持，因為有了過去的舞台與栽培，才能成就今日的我，再加上一路相挺的好友與家人，給我的信心與鼓勵，和我那一群活潑可愛的學生，提出的建議與想法，都給我滿滿的感動。另外，還有製作這本書的所有朋友，感謝你們投入最大誠意與努力，讓這本書亮麗且精彩，而未來創作之路我也會更加努力，為台灣手作文化盡一份心力。

本書要獻給我最親愛的爸、媽，感謝他們對我無私的愛。

李依宸 于
100 年 8 月 12 日

目錄

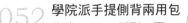

玩包設計

20+

工具及技巧指南

嚴選五金配件 │雞眼釦介紹及安裝│

雙面雞眼	單面雞眼	單面雞眼打具	水鑽雞眼打具

公　母

母　公

扣合式雞眼	水鑽雞眼

母　公

母　公

安裝雙面雞眼

先依雞眼（母）內徑畫好圓。

>>

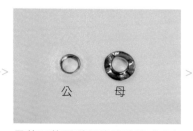

公　　母

用剪刀剪圓形洞後將雞眼（公）放入。

>>

運用塑膠墊＋膠槌，將雞眼（母）蓋上雞眼（公）後，敲打密合固定。（建議隔布敲打較不會損傷雞眼釦）

安裝扣合式雞眼

不需打具，直接在布上先依雞眼內徑尺寸剪洞後，將雞眼（公）放入再疊上雞眼（母）。

>>

腳釘從反面扣合即可。

安裝單面
雞眼

先運用工具打洞。

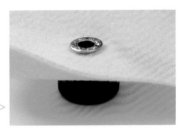

疊合雞眼零件後,將打具依圖所
示,敲打密合固定即可。

安裝水鑽
雞眼

如圖先將雞眼(公)反面朝上。

套上打洞的布後放上雞眼(母)。

運用打具固定即完成。

四合釦介紹及安裝

四合釦

市售尺寸有 10mm~15mm。

四合釦打具

安裝四合釦

左為上座，右為底座。

四合釦與打具的配對使用。

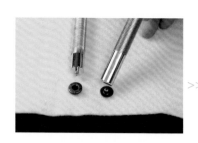

依圖將四合釦分別組合，再用打具固定。（四合釦底部需墊塑膠墊，打具對準四合釦垂直立好，再以膠槌敲打固定。）

| 鉚釘介紹及安裝 |

鉚釘

鉚釘打具

尺寸長度有 8×6 ～ 10mm、等不同選擇，請依厚度選擇適當長度。

安裝鉚釘

布面戳洞，鉚釘先穿過布面。

將釘帽定位，以膠槌敲打固定，或可購買撞釘上模來輔助。

| 磁釦介紹及安裝 |

隱形磁釦	強力磁釦	扣合式磁釦	撞釘磁釦

**安裝隱形
磁釦**

正極與負極分別以星止縫縫在布料背面。

正極與負極面對面吸附如圖，即完成。

（也可當隱形磁釦用）
**安裝強力
磁釦**

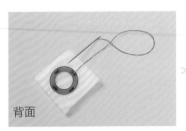

背面

先將圓形環及磁釦夾住襯棉手縫固定。

正面

磁釦與襯棉固定後，正面如圖。

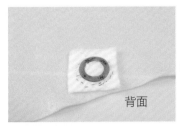

背面

放在布料背面，用星止縫固定，完成背面如圖。

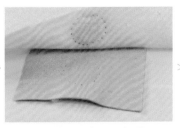

強力磁釦隱形化之正面如圖。

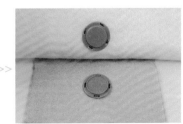

也可直接縫在布料正面。

先如圖畫出左右記號點。

再用拆線器依記號點挑出約長0.3cm 的洞。

將磁釦兩腳穿過洞。

>>

為加強耐用性，所以先加上襯棉再加擋片。

將兩腳往外壓平，即完成。

撞釘磁釦打具

用錐子戳一個洞。

運用打具，底座在下，磁釦反面朝上，穿過布料。

>>

將磁釦上片先輕壓套在磁釦上，再用打具直接敲打即可。

撞釘磁釦凹面、凸面與打具之配對。

安裝扣合式磁釦

安裝撞釘磁釦

| 書包釦介紹及安裝 |

方形書包釦

橢圓形書包釦

橢圓形書包釦

安裝書包釦

先畫出書包釦要開洞的位置。

剪洞後以書包釦環上片將布撐開。

書包釦環下擋片＋螺絲由背面鎖好。

為加強書包釦鈕耐用性，先在表布背面放上一層襯棉再加上擋片。

釦鈕兩腳往中心壓平。

與釦環組合，正面完成。

■ 善用機縫技巧 | 一字型拉鍊口袋 |

鋪棉時 2 種
拉鍊開口

（為清楚示範故口袋布裁為小片，實際請依作品所需自訂）

頭尾直角

口袋布（背）

頭尾圓角

表布（正）

標出拉鍊開口記號線。

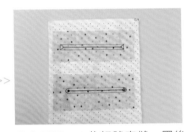

>>

長方形開口：依記號車縫一圈後，依圖所示黑線剪出開口形狀，切記不要剪到車線。

圓角形開口：針距調小依記號車縫一圈後，依圖所示黑線剪出開口形狀。

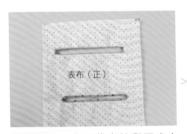

表布（正）

>>

上、下開口之口袋布皆翻至表布背面。

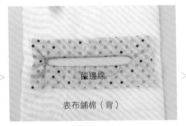

臨邊線

表布鋪棉（背）

>>

圓角一字型拉鍊背面，縫份倒向裡布壓 0.1cm 臨邊線。

捲針縫固定縫份。

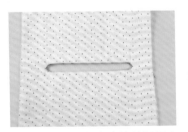

>>

正面完成，有車臨邊線的話裡布較不易露出來。

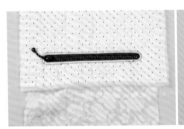

加上拉鍊正面壓線。圓角一字拉鍊完成圖正面／背面。

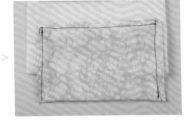

>>

背面口袋布向上摺，蓋住拉鍊對齊車縫ㄇ形（勿車縫到表布），完成。

外蓋式
拉鍊開口

上下表布正面相對，下方依拉鍊長度左右＋0.5cm 做記號，車縫一道。

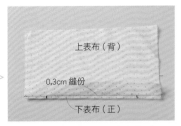

下表布背面縫份一側先燙出 0.3cm 縫份。

將拉鍊依記號位置車縫。（紅線為車縫位置示意，實際請以相近色車縫）

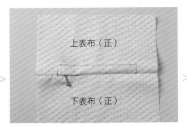

先用消失筆於上表布畫 1.5 cm 的拉鍊完成線，拉鍊起頭位置先拆開一小段疏縫線，將拉鍊頭拉至正面。

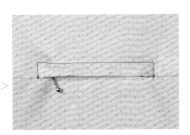

車縫完成線。

拆開剩餘的疏縫線，完成外蓋。

| 表布特殊效果 |

搭配「前開式均勻送布壓布腳」：適用於車縫鋪棉與厚布料時，不可高速車縫，花樣選擇不可有針趾倒退走的花樣。針距長度調整至 3，平穩速度車縫，不要高速前進。

立體鋪棉
壓線

方法
1
單層鋪棉
壓線

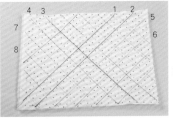

表布畫菱格 45°寬 3cm+ 鋪棉 + 洋裁襯，壓線（運用均勻送布齒）。

背面完成如圖。

方法
2
雙層鋪棉
壓線

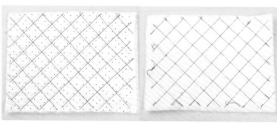 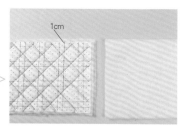

承方法 1，第一層鋪棉（不加洋裁襯）菱格壓線完成正面／背面。

表布再畫上方格壓線記號，準備鋪第二層鋪棉＋洋裁襯壓線。

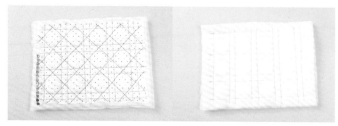 

雙層鋪棉的第二層方格壓線，完成正面／背面。

放大特寫，雙層鋪棉目的為加強表布壓線的立體度。

方法
3
圓形鋪棉
壓線

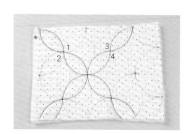 

利用圓形型板畫出記號，壓線。

壓線背面如圖。

重複作法，圓形壓線完成正面／背面。

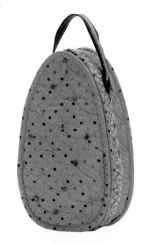

簡單仿編織

1. 選擇正反面皆有正方格及對角顏色對比的格子布。
2. 若選擇素色布料，則需在背面自行繪製正方格，格子尺寸以 2~3cm 為限。
3. 本書作品示範使用 2×2cm 之格子布。

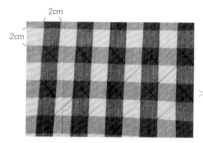

2cm
2cm

>>

>>

先依格子畫好對角線，在布料反面手縫格子。

手縫穿雙線，角落挑起些許布，對角線對縫。

>>

>>

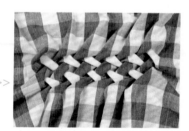

拉緊重覆 2 次，背面完成（1個）。

大片背面如圖。

大片正面如圖。

>>

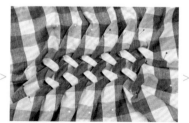

>>

用熨斗的蒸氣懸空為正面塑型。

表布正面完成。

表布＋薄布襯＋襯棉＋厚布襯，仿編織完成。

捲邊縫處裡
布邊

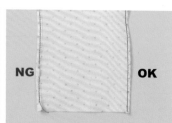

NG　　　OK　　>>

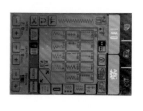

捲邊縫可選鋸齒狀花樣或直線，不熟練者選用
鋸齒狀花樣較不容易失敗。

外包式滾邊
（示範使用烏干紗及
棉布）

>>

外加縫份為 1.5 cm。

背面相對車縫正面車縫 0.5 cm。

>>

翻為正面相對，從反面車縫 1
cm。

翻至正面，完成滾邊。

點對點車縫

>>

點對點車縫至止點時，若直接選擇定點打結後切線，止點的線其實容
易鬆脫。

>>

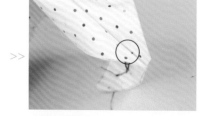

點對點車縫，結束的止點不易鬆脫的方式：就是在車到止點時，
將布料轉方向面對自己，在原地定點迴針，按自動切線鈕。

止點不會鬆掉。

漂亮臨邊線

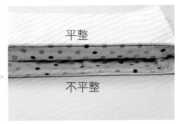

平整

不平整

>>

先將針位調至左針位，運用萬用壓布腳左邊的空隙當作表布與裡布的分水嶺，即可車出又直又漂亮的臨邊線。

貼邊布壓 0.1cm 臨邊線（上）與沒壓臨邊線（下）的差異。

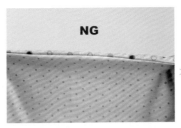

NG

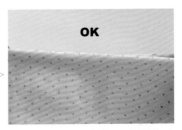

OK

>>

沒車臨邊線容易看到貼邊布露出表布。

有車臨邊線貼邊布不易露出表布，更為美觀。

翻出俐落
直角

方法
1
薄布料

>>

先將縫份摺好，以食指及拇指尖捏住。

手指捏緊，將布翻到正面，完成。

方法
2
厚布料

>>

剪掉斜角。

將縫份往內摺好角度，以食指及拇指尖捏住，同方法 1 翻至正面即完成。

滾邊條
輕鬆接

方法 1

取兩條以45°裁切而成的斜布條。
（寬度依作品需求不同自訂）

正面相對，依0.7cm畫線位置車縫（頭尾位置擺放好，要呈現三角形，是接合成功與否的關鍵）。

方法 2

正面對正面擺成L型，車縫重疊處的對角線。

完成線外留0.7cm，其餘剪掉。

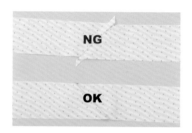

NG

OK

NG 攤開後布邊未對齊。

OK 攤開後布邊對齊。

車縫側身
轉角

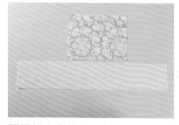

預備組合表袋身與側身。

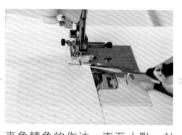

直角轉角的作法，車至止點，針在下，剪一刀。

轉正後將上片擺成45°角，再繼續車縫。

表袋與側身完成，轉角處線條順暢。

背面完成如圖所示。

拉褶車縫

NG

 >>

直接車至尖點，正面容易產生酒窩。

OK

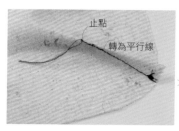 >>

止點
轉為平行線

斜向的拉褶線要車到尖端止點前約 1.5cm 處轉為車縫平行線，正面才不會有酒窩。

表、裡袋身
固定

方法
1
表布無鋪棉

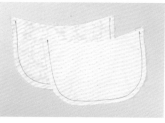 >>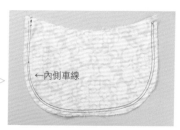

←內側車線

表、裡袋身布已先各別正面相對車縫。

表、裡袋身重疊車縫。

 >>

表、裡袋身翻至正面朝外，即完成。

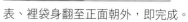

方法
2
表袋鋪
棉時

NG

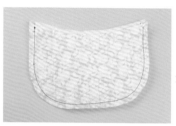 >>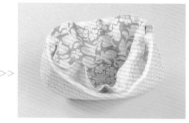

鋪棉表袋與裡袋若採用相同尺寸，表袋與裡袋無法服貼，會呈現裡袋過大。

OK

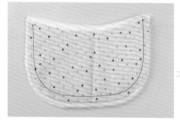 >>  >>

表袋身鋪棉＋裡布時，裡布需比表布小。　　　　　　當表袋與裡袋組合後才會服貼平順。

| 製作專屬持手 |‒‒‒‒‒‒‒‒‒‒‒‒‒‒‒‒‒‒‒‒‒‒‒‒‒‒

布加織帶

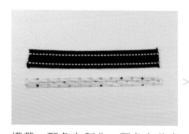 >>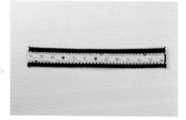

織帶＋配色布製作，配色布裁寬
2.5 cm 把縫份往中心燙。

將配色布放在織帶上，二側壓線，
完成單層織帶。

>>

將單層織帶與相同寬度的織帶重
疊車縫，完成雙層織帶。

布包織帶

裁布尺寸為織帶寬＋0.5 厚度＋縫份，布長比織帶左右各多 5 cm。

表布對摺車縫。

布翻回正面，將織帶放入。

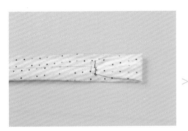

布比織帶左右多 5 cm，反摺疏縫固定。

持手握把部分對摺車縫。

釘上雙面雞眼。

縫製皮持手

持手縫法：1 出、2 入。

持手縫法：3 出、4 入。

持手縫法：5 出，以下依前類推。

持手縫法完成如圖。

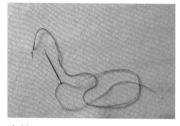
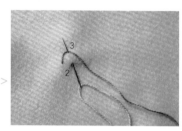

羽毛繡

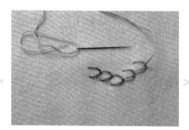

出針 1。

入針 2，出針 3 壓住線。

入針 4，出針 5。

重複作法，直至所需長度。

結尾入針於布背面打結，完成。

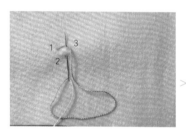
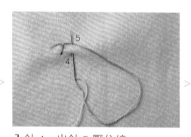

毛毯邊縫

出針 1，入針 2、出針 3 壓住線。

入針 4，出針 5 壓住線。

重複作法至所需長度，結尾入針於布背面打結。

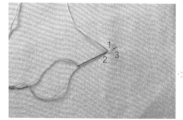
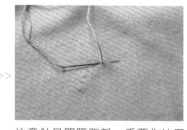

星止縫

出針 1，入針 2，出針 3。

注意針目間隔距離，重覆作法至所需長度。

立體花刺繡

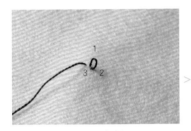 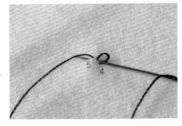 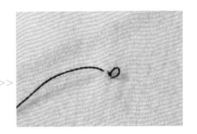

出針 1，入針 2，出針 3。　　　　入針 4，出針 5，由右往左縫。

重複作法，圍成圓形。　　　　縫上造型釦做為花心，即完成。

千鳥縫

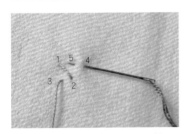

出針 1、入針 2，出針 3，入針 4，
出針 5。

注意針目位置，重覆作法至所需
長度。

來學包包打版吧！

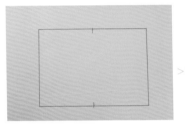

先設定袋身的長 × 寬，標出中心點。

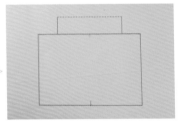

畫出設定的袋底寬（此圖袋底設定為完成尺寸的 1/2）。例：總寬 10 cm，圖畫 5 cm 並標示折雙記號即可。

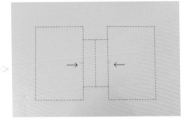

紙型完整尺寸圖。

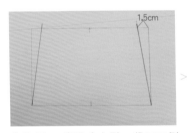

先取長 × 寬及中心點，袋口二側往中心點靠近約 1.5cm。

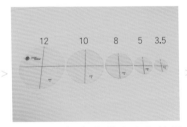

運用圓形板來畫袋身底角的弧度。

依圓形板記號與側身、袋底做連結。

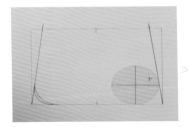

不同直徑的圓呈現不同弧度，一般來說較小的袋型適合小圓，大袋型適合大圓。

袋口側身取直角，避免前片相接時產生不順的角度。

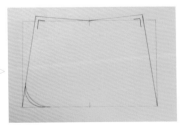

袋口對稱取直角後如圖。

可使用雲尺＋方格尺輔助。

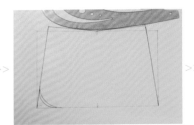

袋口中心點利用雲尺將線條修順。

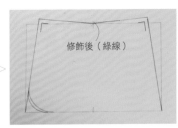

基本袋身完成。

進階袋型
打版
設計活褶

※ 不用將紙型剪開即可展開活褶的畫法，稱紙上平面轉移。

方法
1

折雙

基本袋型（可自訂）用 1/2 尺寸來操作即可。

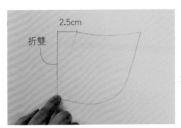

2.5cm

折雙

製作一片基本袋型的透明型版。運用平面轉移的方式來展開活褶，依想要的深度先設定活褶褶深尺寸（示範褶深為約 2.5cm），手按住下側往右側移至摺深記號，再將型版外側描線。

袋口粗裁，剪下紙型。

活褶先摺疊，再依透明型版修剪袋口線條。

完成正確活褶紙型。

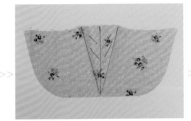

應用：紙型對稱畫在布料上，成為表布展開圖，斜線記號為褶子摺疊的方向。

活褶（平面轉移）完成圖。

（方法 2）

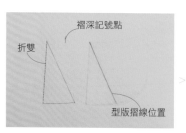

先畫出褶線在透明型版上的位置，紙上也畫出一個褶子的形狀。

型版壓住下側往右側方向移動至褶深記號點。

型版外側描線。

運用雲尺修順下方線條。參照方法 1：粗裁袋口，活褶先摺疊再依透明型版修剪袋口線條，完成活褶紙型。

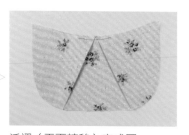

應用：紙型對稱畫在布料上，成為表布展開圖，斜線記號為褶子摺疊的方向。

活褶（平面轉移）完成圖。

（方法 3）

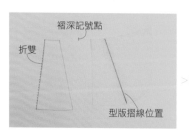

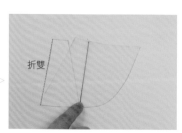

先畫出褶線在透明型版上的位置，紙上也畫出一個褶子的形狀。

型版壓住下側往右側方向移動至褶深記號點。

取褶子中心線,分為二等分。

運用雲尺修順下方線條。再參照方法1:粗裁袋口,活褶先摺疊再依透明型版修剪袋口線條,完成活褶紙型。

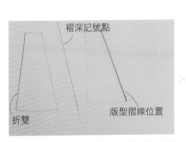 

應用:紙型對稱畫在布料上,成為表布展開圖,斜線記號為褶子摺疊的方向。

活褶(平面轉移)完成圖。

方法
4

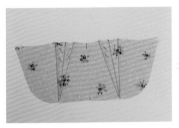 

褶深記號點

折雙　　　版型摺線位置

於透明型版上設計褶子位置,將平行摺線描在紙上。

將型版上的摺線對齊平行摺線,型版外側描線。參照方法2:運用雲尺修順下方線條,粗裁袋口,活褶先摺疊再依透明型版修剪袋口線條,完成活褶紙型。

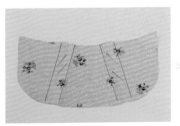

應用:紙型對稱畫在布料上,成為表布展開圖,斜線記號為褶子摺疊的方向。

活褶(平面轉移)完成圖。

方法
5

於透明型版上設計褶子的數量與褶深位置，示範為分四等分。

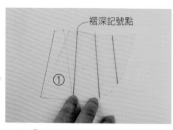

先描①及褶深尺寸後，壓住下側往右轉移至②褶深。

描下②摺線後，點出下個摺深記號點。

壓住②下側，往右側轉移至下個褶深位置。

描下③摺線後，點出下個褶深記號點。

點出下一個褶深位置，壓住③下側往右移動至褶深位置。

描出④。

應用：紙型對稱畫在布料上，成為表布展開圖，斜線記號為褶子摺疊的方向。

活褶（平面轉移）完成圖。

| 自訂袋身容量 _ 打底角 |

依紙型（或自訂尺寸）裁布。

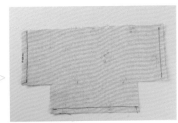

車縫兩側與袋底。

依缺口對齊車縫，完成底角。

翻回正面如圖。

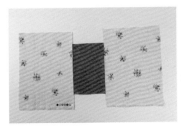

依紙型裁布（已先決定袋底寬度）。

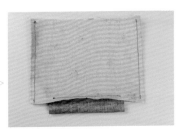

車縫兩側與袋底。

依缺口車縫，完成底角。

翻回正面如圖。

車縫兩側。

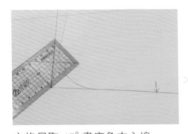

依所需寬度車袋底兩側。

翻回正面如圖。

| 自訂袋身容量 _ 車拉褶 |

基礎拉褶畫法

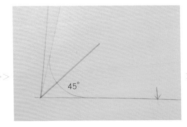

方格尺取 45° 畫底角中心線。

取中心線左右各 1.5cm 長度約 6-8 cm（也可自訂想要的袋底寬度）。

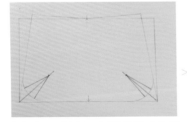

拉褶褶深對照：左邊較深（空間較大），右邊較淺（空間較小）。
※ 實際製作時左右應為相同大小。

將拉褶紙型摺疊。

運用圓形板修順線條。

展開後依修順的藍線記號,將紙型剪下。

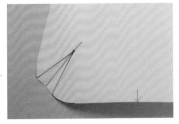

此為拉褶的正確形狀。

整體拉褶袋身紙型完成。

平面轉移
拉褶畫法

先袋口畫拉摺深度與長度。

右下先依線剪 1 刀,將拉褶摺起來後,就會自然將底角褶子轉移到所需位置。

再依轉移紙型描在牛皮紙上。

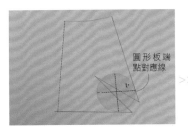

運用圓形板畫弧度。

完成有拉褶的袋身紙型。

拉褶褶深比較

窄拉褶 vs. 寬拉褶。

產生的深度會不同,窄拉褶低、寬拉褶高。

 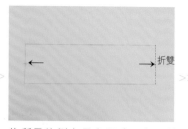 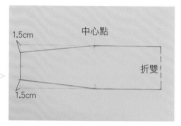

運用自由曲線定規尺或布尺來測量袋型側身長度（需將尺立起來量）。

依所量的側身長度尺寸一半＋所需的寬度先畫出長方形。

通常側身袋口會比袋底略小（示範為袋口兩側內縮 1.5cm），讓袋身線條順暢也較好揹。

對照／合印記號。

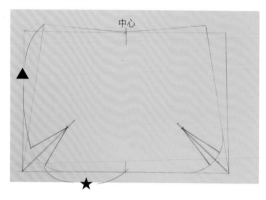 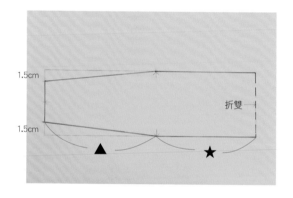

玩包設計 20+

包包狂熱份子，在不同場合、依不同穿著，都懂得
搭配最適合的包！

童話世界郊遊包

如童話般繽紛的色彩，透露著出遊好心情，一起飛揚吧！

作法：P.076　紙型：A面

活潑的袋型激發玩心，外層附有小外袋，可單獨側背，也可與大包一起組合，不論怎麼搭配都很亮眼。

作法：P.085　　紙型：A面

$\bigcirc 2$

樂活愛遊包

彎月造型的袋身，搭配可更換提把的多變性及隱藏磁釦
的設計，可以溫柔也可以帥氣，展現時尚摩登風格。

03

繽紛世界萬用包

就是要一個包，可以用來放我的筆電、我的書，舉手投足間流露迷人氣質，OL 女郎也能天天朝氣有活力。

● 作法：P.129　　紙型：A 面

運用白金光澤的雙面雞眼，與立體的袋身搭配，時尚感倍增。

04

海洋悠遊側背包

熱浪來襲，宣告夏日風情，我要奔向陽光。圓滾滾
的包身，像是熱氣球般注入了滿滿的能量，充滿熱
情奔放的大海氣息。

● 作法：P.088 　　紙型：A面 ●

隨性變換提把，可手提、可側背，展現包
款的多元性；白金的書包釦配件是亮眼青
春的寫照。

05

綠光肩背袋

整體採用秋香綠的溫柔色調，圓點布如腰帶般橫貫，與花型金屬配件結合，就這麼地，密布的綠葉叢中，綻放著一朵立體的花，羽毛繡由此開散出一片清新芬芳。

● 作法：P.106　　　紙型：A面 ●

以磁釦控制袋底的開展，並利用包繩讓底
部輪廓更加突顯，外口袋與包繩的布料相
互呼應，在優雅中摻入了可愛的氣息。

06

花語水桶手拿側背包

先染布的正反面交替搭配，展現布料的多元風格，復古中散發迷人的知性。

● 作法：P.097　　紙型：A面 ●

透過金屬雞眼釦與古銅花的造型，烘托出復古風情，袋底運用
粗獷的棉繩來強調水桶包的硬挺袋型。

07

夏朵拉手提包

靈感設計來自浪漫的花朵,希望表現出花朵盛開前含
苞待放、溫柔婉約的姿態,閃耀著動人的光彩。

● 作法：P.100　　紙型：A面

水鑽雞眼釦閃耀吸睛，中央寬大的開口設計簡
單俐落，整體運用布花的圖騰，或縮皺、或壓
線，讓作品擁有豐富的變化。

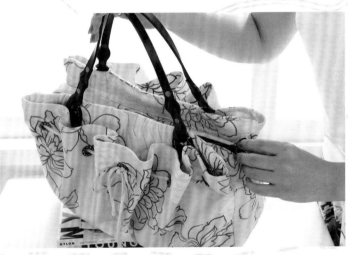

08

薇薇安立體編織包

不同深淺色階的紫色,搭配出低調而典雅的氣息,充滿浪漫的魔幻風情。

● 作法：P.094　　紙型：A 面

超乎想像的立體編織變化，運用格子布的深淺
對比來營造編織交錯的效果，帶來更為輕鬆的
手作概念。

圍巾增添浪漫風情，為整體造型加分。

（布邊捲邊縫參考 P.16）

作法：P.079　　紙型：A面

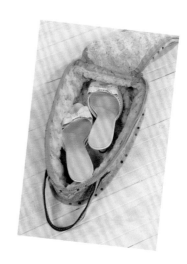

（立體花刺繡作法參考 P.23）

⓪9

仙德瑞拉夢幻鞋盒

因為一雙玻璃鞋讓仙德瑞拉擁有了幸福，所以要讓美麗
的鞋盒好好收藏這份幸福。
內裡高調地運用玫瑰花絨布來製作，與鞋蓋表面的花型
刺繡相互呼應，令人愛不釋手呢！

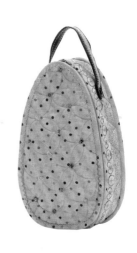

● 作法：P.104　　　紙型：B 面 ●

羽衣裳防塵套

每一件妳喜愛的衣服都是一件珍貴的羽衣，怎麼可以不
好好收藏呢？

正面烏干紗的透視質料，搭配背面雙面布的設計，一眼
就能瞧見服飾的美麗。

11

學院派手提側背兩用包

經典不退流行的格紋布，讓兩用包充滿女子貴族學院的
氣質，外口袋自然立體抓皺設計，更添俏皮風采。

作法：P.125　　　紙型：B面

側邊的釦帶讓細節設計更添特色，寬敞的盛裝容量，紮實
地滿足外出所需。

可手提、可側背，隱藏式的袋口提把讓整體感無懈可擊。

12 經典黛妃包

經典 2.55 立體菱格紋的設計，賦予了現代女性的優雅
與自信，也向永遠的王妃黛安娜致意。

作法：P.136　　紙型：B面

手提包的設計具備女性優雅的氣質，加入流行
的時尚金屬配件，隨著步伐搖晃出悦耳的聲響
及柔美的動感。

13

圓舞曲手拿包

閃亮亮的手拿包,不論是參加姊妹淘的
下午茶聚會,還是與另一半的甜蜜約會,
都能展現出青春迷人的風情。

● 作法：P.091　　紙型：B面 ●

運用大圓來表現袋型的優雅與知性，水鑽華麗
地裝飾在提把與拉鍊處，閃亮耀眼搭配出婀娜
的女人味。

14

璀璨光芒時尚手拿包

設計的靈感來自 A 字裙,將服裝的線條注入新元素,與包款
結合創意發想,精緻組合華麗現身。

● 作法：P.123　　　紙型：B面

獨特的水鑽字母皮帶設計可自由編排替換，運
用先染布料與刺繡網布巧妙組合，再加入手繡
元素顛覆傳統，蘊含著優雅內涵。

15

花樣年華變化托特包

袋身多種的造型變化，貼心地滿足女人的善變，達到最高段
的品味考量，讓托特包更添趣味。

● 作法：P.082 ●

皮革布與義大利酒袋布完美比例搭配，可手提或肩背，側身上下兩角可打開或勾起，輕鬆變化造型加上超大容量，讓日常使用更為隨興自在。

16

英倫風情手拿側背兩用包

雖然是小巧玲瓏的包款,但菱格紋的雋永風情,賦予了這款包引人注目的
天生性格。

● 作法：P.132　　紙型：B面

菱格為經典不敗款，與任何時尚搭配都有自然大方的美
感，此款小尺寸設計也可放在大包包裡當袋中袋，是一款
一定要擁有的實用小品！

17

雙面女郎托特包

上班時的專業與自信；下班後的俏皮與神秘。
讓 OL 女郎發揮知性聰穎的魅力，搶眼與實用聯
手出擊，讓時髦與生活更加 Match！

◆ 作法：P.111　　紙型：A面

上班工作去、下班逛街去，一個包兩種風情。
義大利酒袋布擁有端莊自信，豹紋棉絨布展現
狂野性感，兩樣風格一次擁有。

18

焦糖摩卡公事包

高雅的質感與沉穩的形象傳達，充滿自信的包
款讓你更具個人魅力。

● 作法：P.120　　　紙型：B面

金屬鍊條的設計有著嬉皮與時尚的衝突感，加
入一點酷勁元素，更加獨特有型。

19

時尚冏臉造型包

有著時尚個性的表情，充滿著強烈設計感。
運用黑與白的皮革織紋布展現手作的另類風
格，可以是流行話題，可以豐富生活表情，可
以是百搭不敗款。

● 作法：P.114　　紙型：B面

兩種袋型的變化獨具魅力，黑與白—永遠的時
尚王道。
今天快樂嗎？做個鬼臉讓自己開心吧！

● 作法：P.074　　　紙型：B面 ●

20

義大利風情六角抱枕

運用義大利進口防潑水、防塵、防刮的布料來製作，兼具舒適與實用性，
讓室內空間盡顯俐落風格。

21 午茶時光環保組

點心時刻，來段環保下午茶時光吧！讓手作的優雅為地球資源盡一份心力。

作法：P.138　紙型：A面

1

都會女子風尚肩背包

當皮革遇上貼布繡，激發出獨特的火
花，半圓筒的設計搭配白金鍊條，就
是要讓人目不轉睛。

夏艷氣質包

獨特的袋型設計，剪貼刺繡
圖騰搭配白金配件，手製提
把讓手作的美感完全綻放。

3

2

非常女大方包

將都會女子的時尚與自信表現在手作包
中，擺脫傳統的貼布繡手法，融合機縫
與手縫的美感，讓手作快意的飛翔吧！

時尚繪圖 fun 手作

作法全圖解 How to make

※ 製作前請先參考 P.06 ~ 23「工具及技
巧指南」，充分理解後更容易上手喔！

義大利風情六角抱枕　● 紙型：B面

用布量／材料配件：	
表布（圖案布）	1 尺
表布（配色布）	1.5 尺
胚布（製作枕心）	3 尺
襯棉	35×35cm
薄布襯	35×35cm
絲棉	半斤
拉鍊	35cm 1 條

裁布：※ 除指定外，外加縫份皆為 0.7 cm。

圖案布	·依紙型 1 片
配色布	·依紙型 後片上 1 片／下 1 片 （依紙型拉鍊處外加縫份 2cm、其餘為 0.7cm）
配色布	·依紙型 正面邊框 6 片／側身 6 片
胚布	·前後 2 片／側身 6 片（製作枕心）

{How to make}

01 製作前片。

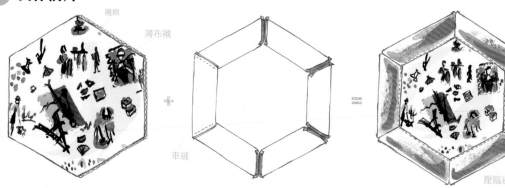

圖案布＋襯棉＋薄布襯，正面配色布依點對點（點對點作法請參考 P.16）車成圈狀。縫份倒向配色布，壓 0.1cm 臨邊線。

02 製作側身。

側身依點對點車成圈狀。

03 製作後片。

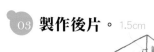
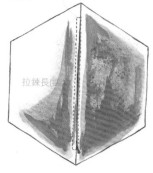

後片拉鍊作法請參考 P.13。

04 組合抱枕套。

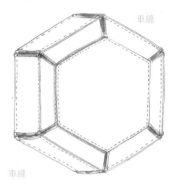

前片＋側身＋後片分別正面相對，點對點（作法請參考 P.16）車縫組合，翻回正面。

05 製作枕心。

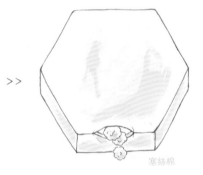

>>

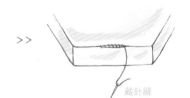

>>

枕心前片＋側身＋後片組合作法同抱枕套，留返口翻回正面，塞飽絲棉後藏針縫固定。

02

童話世界郊遊包 紙型：A面

用布量／材料配件：

表布		2 尺
配色布	30×30cm	
裡布		2 尺
襯棉	60×150cm	
薄布襯	60×150cm	
洋裁襯	60×150cm	
持手		1 組
側背帶（附問號鉤）		1 組
蕾絲拉鍊	25 cm	1 條
拉鍊	12 cm	1 條
雞眼	直徑 2cm	4 組
D 型環		2 個
活動圓形環	直徑 3cm	2 個
對釦（磁釦）		1 組

裁布：※ 除指定外，外加縫份皆為 0.7cm。

配色布（大包）、襯棉、薄布襯
· 表袋身前上片 依紙型下端加縫份 0.7cm、
其餘加縫份 2cm 粗裁 1 片＋襯棉＋薄布
襯
· 滾邊布 4×66cm（斜布）

配色布（小包）
· 滾邊布 4×50cm（斜布）

表布（大包）、襯棉、薄布襯
· 表袋身前下片 依紙型上端加縫份 0.7cm、
其餘加縫份 2cm 粗裁 1 片＋襯棉＋薄布
襯
· 表袋身後片 依紙型外加 2 cm 粗裁 1 片＋
襯棉＋薄布襯

表布（小包）、襯棉、薄布襯
· 表袋身 依紙型外加 2 cm 粗裁 2 片＋襯棉
＋薄布襯
· 吊環布 3×5cm 裁 2 片

裡布（大包）、洋裁襯
· 裡袋身 依紙型裁 2 片＋洋裁襯
· 後口袋布 18×30 cm 1 片

裡布（小包）、洋裁襯
· 裡袋身 依紙型裁 2 片＋洋裁襯

製作
大包

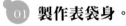

{How to make}

01 製作表袋身。

粗裁的表袋身前上片＋
前下片正面相對車縫。

攤開後前片＋襯棉＋薄布襯壓線（可運用奇
異襯將圖燙在配色布上，運用曲線壓布腳及金
蔥線，依輪廓壓線），完成後依紙型＋縫份剪
出實際尺寸。

下方車拉褶（請參考 P.19）。
縫份攤平分開捲針縫固定。

>>

>>

粗裁的表袋身後片同前片作法，加上襯棉＋薄布襯壓自由曲線（自訂），完成後依紙型＋縫份剪下，開一字拉鍊口袋（請參考 P.12）及車縫下方拉褶。

組合表袋身前後片，正面相對車縫 U 型。

02 裡袋身作法同表袋身。

03 組合表裡袋。

>>

表裡袋背面相對套入。

袋口滾邊。

車縫對釦示意圖。

>>

手縫上持手、對釦，於記號位置釘上 4 組雞眼（前袋身 2 組、後袋身 2 組）。

扣上活動圓形環，完成。

製作
小包

01 製作表袋身。

前、後片鋪棉壓線後，依紙型
＋縫份剪下，下方車縫拉褶。
（請參考 P.19）

>>

製作吊環，吊環布正面相對對摺車
縫，翻回正面接縫處置中，兩側壓線，
套入 D 型環。

>>

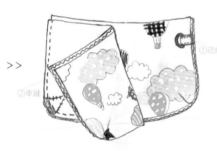

前、後片之間夾入吊環（以疏縫
或車縫固定），正面相對組合，
翻回正面。

02 製作裡袋身。

前、後片下方車縫拉褶後，
再正面相對車縫組合。

03 組合表、裡袋。

背面相對套入。

>>

袋口車上滾邊。

>>

縫上蕾絲拉鍊。

>>

扣上側背帶，完成。

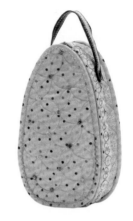

仙德瑞拉夢幻鞋盒 紙型：A面

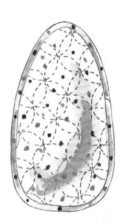

{ How to make }

 01

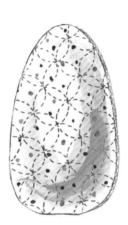

用布量／材料配件：

表布		2 尺
裡布		2 尺
襯棉	110×50cm	
薄布襯	110×50cm	
雞眼	直徑 2.8cm	2 組
拉鍊	35 cm	2 條
織帶	2.5×40cm	1 條
PE 板	25×35cm	1 片

裁布：※ 除指定外，外加縫份皆為 1cm。

表布、襯棉、薄布襯

· 表布袋蓋及袋底 依紙型外加 2cm+ 襯棉 + 薄布襯，
  粗裁各 1 片。
· 表側身 44×8cm 外加 2cm+ 襯棉 + 薄布襯，粗裁
  各 1 片。
· 滾邊布 4.5cm×276cm（斜布）。
· 織帶配色布 2×40cm（斜布）。
· 檔布 13×6cm（已含縫份）。

裡布

· 裡布袋蓋依紙型、裡布袋底依紙型外加 1cm（依
  布料性質選擇燙襯與否）。
· 裡側身 44×8cm 上下長邊加 1cm 縫份，短邊不加
  （依布料性質選擇燙襯與否）。

PE 板

· ①PE 板 依紙型內縮 2cm 裁 1 片（袋底）。
· ②PE 板 7×12cm 1 片（側身）。

粗裁的表袋蓋鋪棉壓線後，依紙型原寸不外加縫
份剪裁。（使用 7.5cm 直徑之圓形紙型畫壓線記號）
粗裁的表袋底鋪棉壓線後，依紙型外加 1cm 縫份
後裁布。

 02

表側身鋪棉壓線後，依紙型外加 1cm 縫份後裁布。

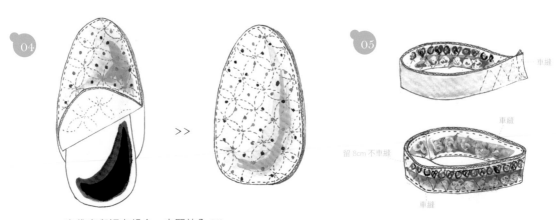

03

車縫 0.7cm

>> >> >>

表袋蓋與裡布背面相對組合後滾邊四周。

04

>>

表袋底與裡布組合，中間放入 PE
板後，四周車縫固定。

05

車縫

車縫

留 8cm 不車縫

車縫

表側身與裡側身各車成桶狀後，上
端需依紙型記號留下 8cm 寬之開口，
背面相對套入車縫固定。

06

車縫 （背） 車縫

對摺處

（正）

製作襯布。

07

8cm 開口

弧度剪牙口

>>

表袋底與側身組合車縫後，滾邊。

08

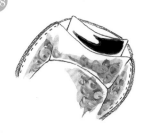 >> 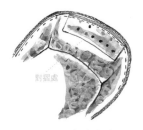 >>

對摺處

從預留的 8cm 開口先放入 7×12cm 的 PE 板，再疊上襯布車縫，再滾邊（蓋住襯布之車縫線）。

09

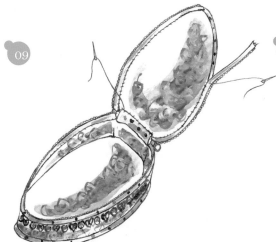

手縫 2 條拉鍊，襯布另一側與裡袋蓋手縫固定。

10 **製作配色布織帶。**

 >>  >>

配色布兩側內折

疊在織帶上車縫兩側

11

>>

織帶手縫固定於側身尺寸位置。

5cm

9cm

在織帶兩端中心位置打上雞眼。

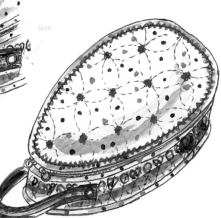

完成。

花樣年華變化托特包

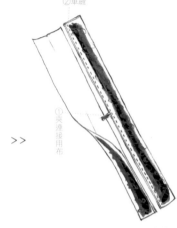

用布量／材料配件：

表布	2 尺	
洋裁襯	4 尺	
裡布	2 尺	
配色布	0.5 尺	
皮革布	1 尺	
蝴蝶結連接用布	3×3.5cm	1 片
PE 板	12×34cm	1 片
雙頭拉鍊	35cm	1 條
拉鍊	20cm	1 條
造型釦		2 個
對釦皮片		2 組
古銅對釦		2 組
持手		1 組
造型玫瑰花		1 個
花緞帶		3 碼

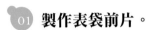

{ How to make }

01 **製作表袋前片。**

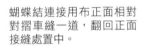

蝴蝶結連接用布正面相對
對摺車縫一道，翻回正面
接縫處置中。

取 1 片皮革蝴蝶結長邊背
面相對對摺，中心點夾連
接用布車縫一道。另一片
作法相同。

裁布：※以下尺寸皆含 1cm 縫份。

表布、洋裁襯
・表袋、洋裁襯 寬 52×高 35cm 各 2 片
・袋口滾邊布 4.5×105cm 1 片
・後口袋 22×32cm 1 片

裡布、洋裁襯
・裡袋、洋裁襯 寬 51×高 41cm 各 2 片
・後口袋 22×32cm 1 片

配色布
・後口袋滾邊布（斜布）4×23cm（上方）、
  4×60 cm（凵型）
・蝴蝶結連接用布 3×3.5cm 1 片
・內側卡片袋滾邊布 4×14cm

皮革布
・皮革蝴蝶結 6×60cm 2 片
・袋底 52×14cm 1 片
・內側卡片袋 12×8cm 1 片

以中心點為端點，如圖摺疊皮革左右兩端。

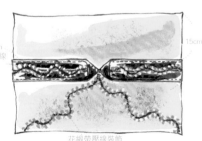

花緞帶壓線裝飾

皮革置於袋身，壓 0.1cm 臨邊線後，再運用花緞
帶壓線。

02 製作後口袋、內側卡片袋。

>>

後口袋表、裡布先正面相對夾車 20cm 拉鍊一側，翻回正面後壓線固定。為另一側拉鍊（口袋上方）滾邊。

ㄩ型邊滾邊。

內側卡片袋口滾邊。

03 製作表袋後片。

於適當位置車縫內側卡片袋。

車縫後口袋（蓋住卡片袋）。

04 組合表袋、裡袋。

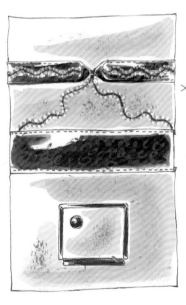

袋底皮革布各別與表袋前、後片正面相對車縫，翻回正面後，縫份倒向皮革布壓 0.1cm 臨邊線。

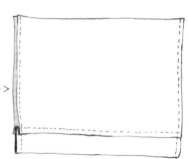

>>

表袋身正面相對對摺，車縫兩側。

V

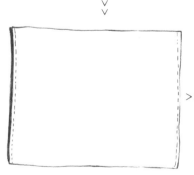

>>

裡袋布正面相對對摺，車縫兩側。

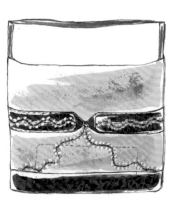 >>

表袋與裡袋組合前底部先放入
PE 板。

袋口滾邊。

05 **縫上配件。**

 >>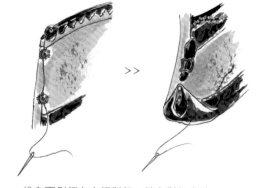

袋口縫上 35cm 拉鍊。

袋身兩側釘上古銅對釦、縫上對釦皮片。

∨
∨

縫上持手（中心點左右各 9cm）。

∨
∨

變化款

06 **完成。**

05

樂活愛遊包 ● 紙型：A面

用布量／材料配件：

表布		2.5 尺
厚布襯		2 尺
襯棉	10×19cm	1 片
洋裁襯		3 尺
裡布		1 尺
織帶	寬 2.5cm× 長 5 尺	1 條
圓形環		2 個
日型環		1 個
裝飾釦		2 個
磁釦		1 組
DMC 8 號繡線		適量

裁布：※除指定外，外加縫份皆為 0.7cm。

表布、厚布襯、洋裁襯

・織帶配色布 3×150cm
・表袋布、厚布襯（不含縫份）、洋裁襯（含縫份）依紙型 各 2 片（依順序燙襯）
・表袋蓋、襯棉 依紙型 各 1 片／裡袋蓋、厚布襯（不含縫份）依紙型 各 1 片
・貼邊、厚布襯（不含縫份）各 2 片
・吊耳 2.5×12cm 2 片

裡布、洋裁襯

・裡袋布、洋裁襯 依紙型 各 2 片

{ How to make }

 01 製作裡袋身。

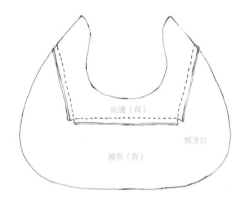

車縫組合貼邊與裡袋布，縫份倒向裡袋布。

∨
∨

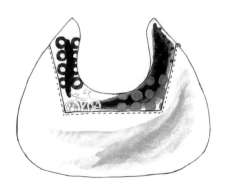

正面壓 0.1cm 臨邊線，先製作 2 組。

02 製作袋蓋。

表袋蓋＋襯棉依圖用繡線壓線。

裡袋蓋背面燙厚布襯（不含縫份）。

袋蓋表裡正面相對組合。

翻至正面後外圍壓線。開口
處壓線前先依紙型位置縫入
隱形磁釦（參考 P.09）。

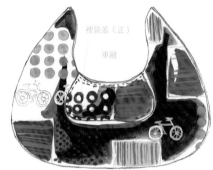

袋蓋固定在表袋後片袋口。

03 組合表、裡袋。

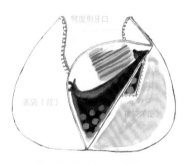

表袋布與裡袋布袋口組合。（另
一組表、裡袋布作法相同）

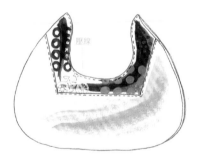

翻回正面，袋口縫份倒向內貼
邊布壓 0.1cm 臨邊線。

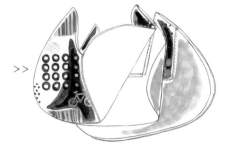

側身組合：裡布與裡布正
面相對留返口車縫。

裡布組合完成。

086 | 087

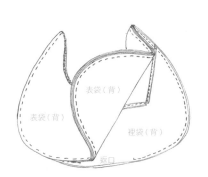

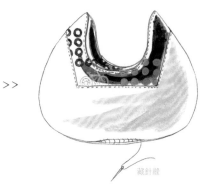

表布與表布正面相對車縫一圈,再與裡袋疊合(避開返口不車)車縫一圈。

由返口翻出裡袋正面,前袋身依紙型位置縫入隱形磁釦(參考 P.09),再將裡布返口縫合。

翻回表袋正面。

04 製作吊耳及背帶。

摺疊織帶配色布兩側,再車縫於織帶上。(背帶作法同吊耳)

如圖折疊車縫先固定一端在袋身。

套入圓形環,再車縫固定另一端,加裝飾釦。

05 完成。

06
海洋風悠遊側背包 紙型：A面

用布量／材料配件：

表布 A	2 尺
表布 B	1 尺
裡布	2 尺
洋裁襯	2 尺
襯棉	1 尺
PE 板	21×12cm 1 片
書包釦環	1 組
三角吊環	2 個
蛋形環	2 個
日型環	1 個
暗釦	2 組
DMC 8 號刺繡線	適量
織帶	5 尺

裁布：※ 除指定外，外加縫份皆為 0.7cm。

表布 A、襯棉、洋裁襯
· 表袋布（依布料性質決定是否燙襯） 依紙型 1 片
· 裡袋上片、洋裁襯 依紙型 各 2 片
· 吊環布 5×5cm 2 片
· 包織帶布 7.5×150cm 1 片

表布 B、襯棉
· 表袋上片 依紙型 2 片（襯棉粗裁）

裡布、洋裁襯
· 裡袋布、洋裁襯 依紙型 各 1 片
· PE 板包布 23×26cm 1 片

{How to make}

01 **製作裡袋。**

02 **表袋依紙型位置畫好打褶記號。**

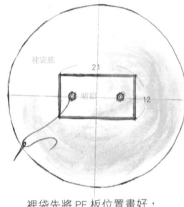

裡袋先將 PE 板位置畫好，手縫上暗釦（母）。

03 **袋身打褶。**

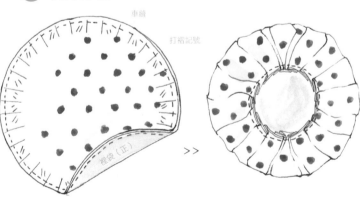

表袋＋裡袋先背面相對車縫一圈固定後，再依打褶方向打褶固定，做出袋口。

04 袋身兩側車縫吊環布。

壓線

車縫

燙摺吊環布,兩側
壓線。

套上三角吊環。

車縫固定於袋身兩側。

05 製作表、裡袋上片。

表袋上片正面

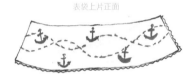

表袋上片背面

表袋上片依喜好鋪棉(粗裁襯棉)手
壓刺繡線,完成後將上下襯棉縫份
修掉。(裡袋上片燙洋裁襯備用)

06 組合表、裡袋上片。

表袋上片

>>

裡袋上片

表袋上片 2 片,車縫兩側成一圈。
裡袋上片作法同表袋上片(裡袋上片
之下方可先燙摺縫份 0.7cm)。

07 組合上片及袋身。

裡袋上片(背)

車縫

0.1cm 臨邊線

>>

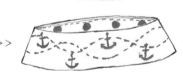

將表與裡正面相對,上方車
縫一圈後,翻出裡布如圖。

表裡上片背面相對,縫份
倒向裡布,於裡布正面壓
臨邊線。

車縫

表袋上片
(背)

裡袋上片(正)

表袋上片與袋身正面相對
對齊,車縫組合。

製作 PE 板包布。

正面相對對摺車縫一道。

縫份置中攤開，車縫一側開口。

翻回正面，塞入 PE 板。縫合開口處。

藏針縫

藏針縫

先依紙型位置釘上書包釦環，再將裡袋上片（縫份已燙入）藏針縫固定於袋身。

>>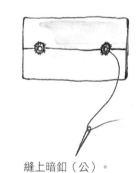

縫上暗釦（公）。

完成。（背帶可參考 P.21 前三步驟自製或以市售代替）

07

圓舞曲手拿包 紙型：B面

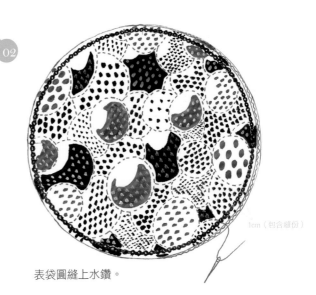

用布量／材料配件：

表布（花布）	2 尺
表布（配色布）	2 尺
裡布	2 尺
襯棉	2 尺
薄布襯	3 尺
厚布襯	0.5 尺
洋裁襯	2 尺
雙排彈性水鑽鍊條	4 尺
拉鍊	40cm　1 條

裁布：※ 除指定外，外加縫份皆為 0.7cm。

表布（花布）、襯棉、薄布襯、厚布襯
・表袋圓（花布）、襯棉、薄布襯 依紙型外
　加 2cm 粗裁各 1 片
・表拉鍊貼邊布 依紙型 1 片
・表拉鍊口布、厚布襯（不含縫份）依紙型
　各 1 片
・持手上片中（斜布）、襯棉、薄布襯 依紙
　型各 1 片

表布（配色布）、襯棉、薄布襯
・表側身、襯棉、薄布襯 依紙型外加 2cm 粗
　裁各 1 片
・持手上片（斜布）依紙型 2 片
・持手下片（斜布）依紙型 1 片

裡布、洋裁襯
・裡袋圓、洋裁襯 依紙型 各 1 片
・裡側身、洋裁襯 依紙型 各 1 片
・滾邊布 4×130cm 1 片

{ How to make }

01　粗裁的表袋圓依所選圖案來鋪棉壓線，完成
　　後依紙型外加縫份 0.7cm 裁下備用。

02

1cm（包含縫份）

表袋圓縫上水鑽。

03　**製作側身。**

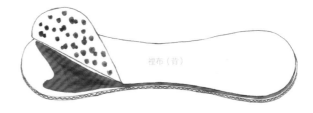

裡布（背）

表側身＋襯棉＋薄布襯後，與裡布正面相對。

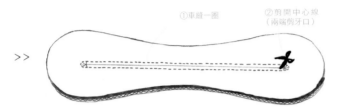

① 車縫一圈　　　②剪開中心線
　　　　　　　　（兩端剪牙口）

表側身與裡側身開拉鍊口。（請參考一字拉鍊開口 P.12）

表側身從拉鍊開口翻成正面，與裡側身背對背。

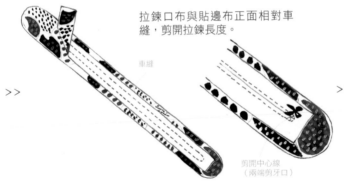

整燙後拉鍊口壓線，完成側身拉鍊袋口。

04 製作拉鍊口布。

依拉鍊口布之紙型剪1片不含縫份的厚布襯，中央挖空燙在拉鍊口布背面。

拉鍊口布與貼邊布正面相對車縫，剪開拉鍊長度。

貼邊布從開口翻回正面，與口布背對背。

05 側身上拉鍊。

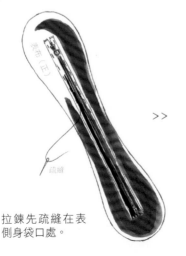

拉鍊先疏縫在表側身袋口處。

再將拉鍊配色口布車縫在拉鍊上面。

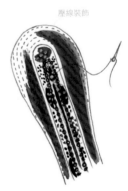

側身壓線，再手縫水鑽。

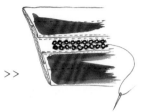

 製作持手。

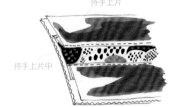

持手上片

持手上片中

3 片上片拼接＋襯棉＋薄
布襯。

>>

車縫

壓線

上片與下片正面相對，兩側車縫
後翻回正面。於正面壓線，壓線
間距寬度約 0.7 ～ 1cm。

>>

在持手中間縫上水鑽（兩
端縫份處不縫水鑽）。

>>

6cm

止縫點

將持手對摺後藏針縫，兩
側留約 6cm 不縫。

 組合袋身。

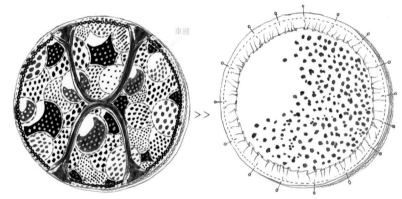

車縫

表袋圓與裡袋圓背對背固
定一圈，再將持手固定在
紙型位置上。

>>

在裡布正面先車上滾邊
布。

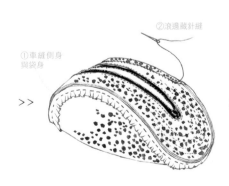

②滾邊藏針縫

①車縫側身
與袋身

>>

組合車縫袋身與側身後，將
滾邊布另一邊藏針縫固定。

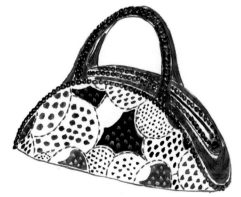

>>

從袋口翻回正面，完成。

薇薇安立體編織包

紙型：A面

用布量／材料配件：

表布		2 尺
裡布		2 尺
襯棉		2 尺
厚布襯		2 尺
薄布襯		1 尺
洋裁襯		2 尺
袋蓋皮片		1 組
織帶皮片		1 組（4 入）
織帶	2.5×45cm	2 條
PE 板	10×25cm	1 片

裁布：※除指定外，外加縫份皆為 0.7cm。

表布、薄布襯、襯棉、厚布襯

· 表袋布、襯棉、厚布襯 依紙型外加 2cm 粗裁
　各 2 片
· 表側身 110×26cm 1 片（先手縫完立體編織
　再加薄布襯＋襯棉＋厚布襯）
· 織帶配色布 2×43cm 2 片（斜布）

裡布、洋裁襯

· 裡袋布、洋裁襯 依紙型 各 2 片
· 裡側身、洋裁襯 依紙型 各 1 片
· PE 板包布 22×27cm 1 片

{How to make}

01 製作表袋前、後片。

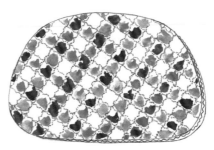

粗裁的表袋布先依個人喜好壓線。

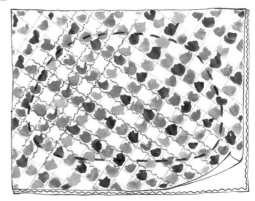

完成後依紙型外
加縫份裁好表袋
所需尺寸備用。

02 製作表側身。

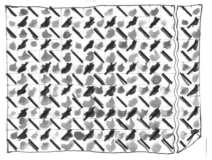

110

26

依記號線對縫。（詳細作法請參考 P.15）

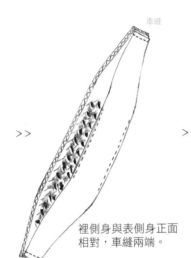

>> 對縫後用熨斗利用蒸氣將編織部分定型，在背面先用薄布襯加強固定，再鋪棉＋厚布襯後，依紙型外加縫份裁好所需尺寸備用。

 **03** 組合裡側身與表側身。

車縫

>> PE 板包布短邊兩側縫份燙入背面，並車縫固定。

包布長邊兩側車縫固定於裡側身。

車縫

>> 裡側身與表側身正面相對，車縫兩端。

0.1cm

>> 翻回正面縫份倒向裡布壓 0.1cm 臨邊線。

>> 完成側身，備用。

04 組合袋身與側身。

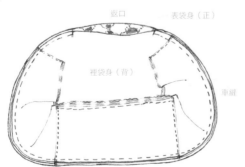

返口　　　表袋身（正）

裡袋身（背）

車縫

取一片表袋身與裡袋身正面相對夾車側身一側。

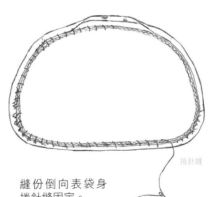

捲針縫

縫份倒向表袋身捲針縫固定。

由返口翻回正面。另一邊作法相同，完成袋身
整體。

袋身組合完成示意圖。

05 製作持手。

取織帶配色布，兩側對齊中線
內摺。

配色布壓線固定於織帶。

第二層織帶之兩端比第
一層各短 5cm。

背面再加上一層織帶可修飾配
色布的縫線，並可加強持手的
挺度。

織帶兩端穿入皮片車縫固定。

06 手縫持手及袋蓋。

於袋身固定持手、袋蓋皮片。

07 完成。

將 PE 板塞入裡袋底的包布內，
完成。

 09

花語水桶手拿側背包 紙型：A面

用布量／材料配件：

表布		1 尺
配布色		0.5 尺
裡布		2 尺
洋裁襯		1 尺
襯棉		1 尺
薄布襯		1 尺
蕾絲	65cm	1 條
PE 板	依原寸紙型	1 片
花型造型環		6 個
側背帶		1 組
持手		1 組
手縫磁釦		1 組
雞眼	2cm	12 組
D 型環		2 個
進口棉繩	直徑 10mm 長 60cm	1 條

裁布：※ 除指定外，外加縫份皆為 0.7cm。

表布、襯棉、薄布襯
· 表袋身、襯棉、薄布襯 依紙型外加縫份 1.5cm 粗裁各 1 片
· 袋口束口帶 5×90cm（已含縫份）1 條（橫布）
· 袋底包繩布 6×65cm（已含縫份）1 條（斜布）
· 吊環布 4×5.5cm（已含縫份）2 片

裡布、洋裁襯
· 裡袋身、洋裁襯 依紙型 1 片
· 裡袋底、洋裁襯 依紙型 1 片
· 袋底滾邊布 4.5×65cm（已含縫份）1 條（斜布）
· 袋口滾邊布 3×65cm（已含縫份）1 條（斜布）

配色布、襯棉、薄布襯
· 表袋底、襯棉、薄布襯 依紙型外加縫份 1.5cm 粗裁各 1 片

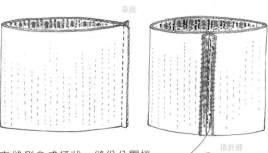

{ How to make }

 01 **製作表袋身。**

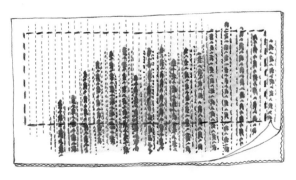

表袋身＋襯棉＋薄布襯先粗裁（紙型外加縫份 1.5cm），運用均勻送布齒於表布壓線。

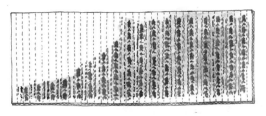

完成壓線後再依紙型外加縫份 0.7cm，裁剪備用。

車縫

捲針縫

車縫側身成桶狀。縫份分開捲針縫固定。

02 製作袋底。

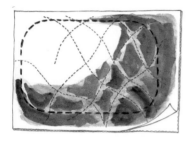

表袋底＋襯棉＋薄布襯先粗裁（紙型外加縫份 1.5cm），用均勻送布齒於表布壓線。

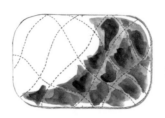

完成壓線後，依紙型外加縫份 0.7cm，裁剪備用。

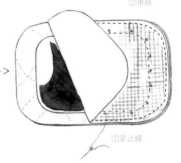

表袋底＋裡袋底背面相對中間放入 PE 板，先在裡袋底以星止縫（參考 P.22）固定 PE 板，袋底四周車縫固定。

03 製作吊環布。

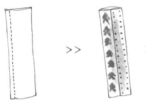

正面相對對摺車縫。

翻回正面，接縫處置中。

穿入 D 型環備用。

04 製作包繩。

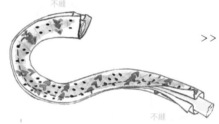

包繩布包住棉繩疏縫固定（兩端各留約 5cm 不縫）。

05 組合袋身。

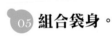

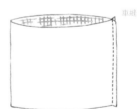

裡袋身車縫側身成桶狀。

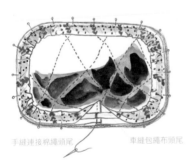 

利用珠針固定於表袋底，處理包繩相接處。

車縫一圈固定包繩。

06 組合袋身及袋底。

裡袋下方先車上袋底滾邊布。

將表袋布與裡袋背面相對套入，再上下車縫固定。

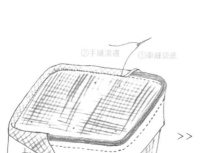

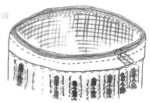

再車縫組合袋底，滾邊另一側手縫固定。

將吊環布固定在表袋口兩側、蕾絲車縫在表袋口。

袋口車上一側滾邊布。

手縫固定另一側滾邊。

07 製作束口帶。

束口帶正面相對對摺留返口車縫。

車縫兩端。

翻回正面，藏針縫縫合返口。

08 製作配件。

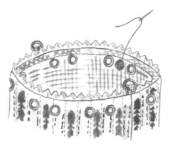

依紙型位置打上雞眼，縫上磁釦。

束口帶交錯穿入雞眼，與花型造型環組合。

09 完成。

10

夏朵拉手提包

{How to make}

01 **製作荷葉布。**

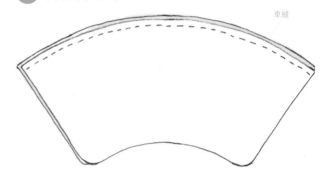

車縫

表荷葉布與裡荷葉布正面相對車縫。

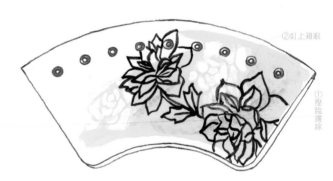

②釘上雞眼

①壓臨邊線

翻回正面，縫份倒向裡布，於裡布正面壓
0.1cm 臨邊線（臨邊線作法請參考 P.17）。再
於預定位置打洞，釘上雞眼。

用布量／材料配件：

表布		4 尺
裡布		3 尺
洋裁襯		3 尺
襯棉		2 尺
薄布襯		3 尺
水鑽雞眼		18 個
拉鍊	40 cm	1 條
持手		1 組
PE 板	9×24cm	1 片

裁布：※ 除指定外，外加縫份皆為 0.7cm。

表布、洋裁襯、襯棉、薄布襯
· 表荷葉布、洋裁襯 依紙型 各 2 片
· 裡荷葉布 依紙型 各 2 片
· 表袋身 依紙型 各 2 片
· 袋身貼邊 依紙型 各 2 片
· 表上側身、襯棉、薄布襯 依紙型 各 2 片
· 表下側身、襯棉、薄布襯 依紙型 各 1 片
· 穿繩布 2.5×60cm 4 條（斜布）
· 拉環布 5×5cm 2 片

裡布、洋裁襯
· 裡袋身、洋裁襯 依紙型 各 2 片
· 裡上側身、洋裁襯 依紙型 各 2 片
· 裡下側身 依紙型 各 1 片
· PE 板包布 10.5×24 cm 2 片
· 滾邊布 4.5×60cm 1 片（斜布）

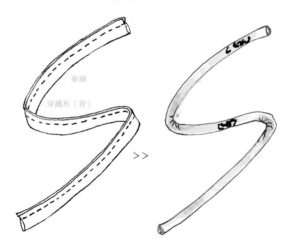

車縫

穿繩布（背）

>>

穿繩布正面相對對摺，車 0.7 cm，翻至正面。

車縫　車縫

穿繩布端打結

將穿繩布先車縫固定在二側。共製作兩組荷葉布。

03 製作袋身。

車縫

表袋身前片與前荷葉口袋固定。

02 製作袋身、表側身、貼邊。

袋身依花紋壓線

表下側身

表下側身

貼邊

表上側身

貼邊

表上側身

表上側身

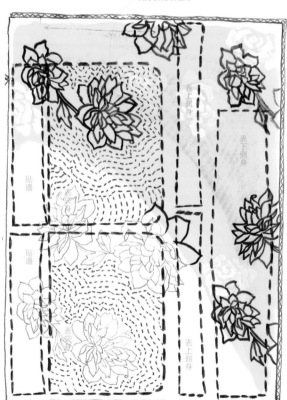

先粗裁表袋身＋貼邊布＋表上側身＋表下側身共用的布片＋襯棉＋薄布襯，鋪棉壓線完成後，依紙型外加縫份0.7cm 各別裁好備用。

貼邊（背）

留0.7cm不車　　留0.7cm不車

貼邊與前片正面相對車縫。

翻回正面。

0.1cm 臨邊線

表袋身　　　　　　　　　　貼邊（正）

此處直邊是與貼邊布背面相對車縫

裡布（正）

車縫

上側縫份倒向貼邊，於貼邊正面壓 0.1cm 臨邊線，裡袋身與表袋身背面相對車縫。

04 製作上側身。

上側身表、裡布正面相對，
夾車拉鍊一側。

翻回正面壓線固定。

另一側作法相同。

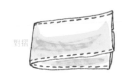
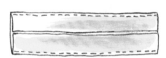

製作拉環布。

拉環布車縫固定於拉鍊兩端。

05 製作 PE 板包布。

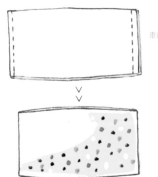

2片正面相對，車縫短邊固定。
翻回正面。

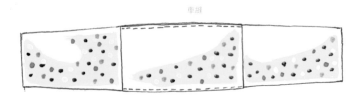

車縫包布長邊固定於下側身裡布正面。

 組合側身。

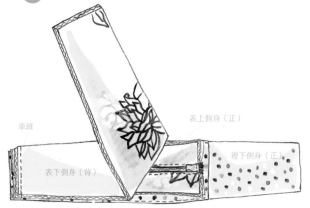

車縫

表上側身（正）

表下側身（背）

裡下側身（正）

下側身表、裡正面相對，夾車上側身。

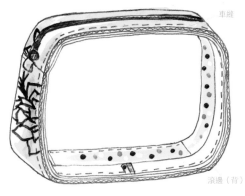

車縫

滾邊（背）

完成整圈側身，兩邊都先用滾邊布車縫
一圈。

07 **組合袋身與側身。**

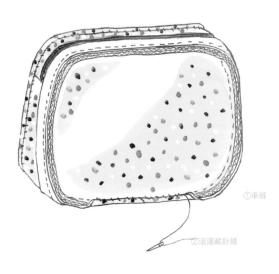

①車縫

②滾邊藏針縫

將袋身前、後片分別與側身正面相
對車縫組合。滾邊布另一側藏針縫
固定。

縫上持手。

08 **完成。**

11 / 羽衣裳防塵套 紙型：B面

85.5cm
（示範尺寸）

前表肩膀以下的烏干紗長度可自訂，並依
此加上前表肩膀紙型即為後表。

用布量／材料配件：

表布（雙面布）	3尺
烏干紗	3尺
緞帶蕾絲	6尺

裁布： ※ 除指定外，外加縫份皆為 1.5 cm。

表布
・後表 依紙型＋烏干紗長度 1 片
・前表 依紙型 1 片

烏干紗
・前表 32×88cm（含縫份） 2 片（一邊運用
烏干紗原有之布邊）

{How to make}

01

緞帶蕾絲　　　　　　　　　　中心線

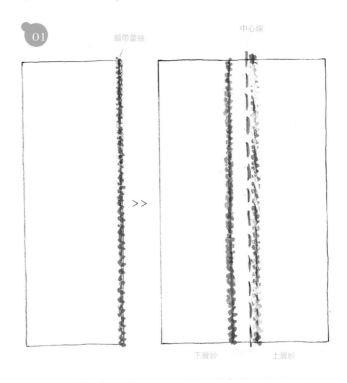

下層紗　　　上層紗

在兩片烏干紗原有布邊側先車上緞帶蕾絲，再依位置重疊上
下先固定好。

02

車縫 0.5cm　　　　車縫 1cm

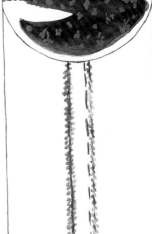
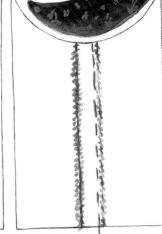

前表布與烏干紗依位置先背對背在正面車縫 0.5 cm，再正對
正在反面車 1 cm 縫份（此處外包式滾邊作法請參考 P.16）。

03

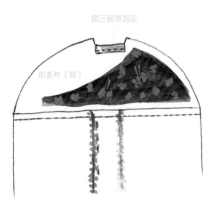

前表布（正）

摺三褶車固定

前表布（背）

依前表與後表上側之止縫點記號，各剪一刀後，摺二次（三褶）車固定。

04 05

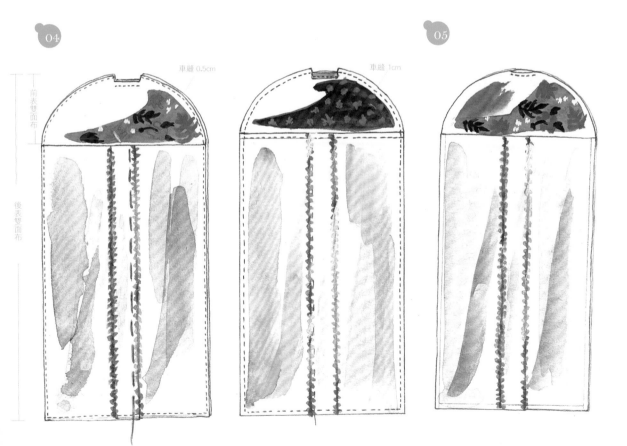

前表雙面布

後表雙面布

車縫 0.5cm

車縫 1cm

前表與後表先背對背在正面車 0.5cm，再翻回布料正對正由
背面車縫 1cm 一圈。

翻回正面，完成。

12

綠光肩背袋 紙型：A 面

用布量／材料配件：

表布	2 尺
配色布 1	1 尺
配色布 2	1 尺
裡布	2 尺
洋裁襯	3 尺
單膠棉	1 尺
古銅花	1 個
DMC 5 號繡線	適量
棉繩	4 尺
持手	1 組
四合釦	1 組
問號鉤	1 個
D 型環 直徑約 1.2cm	1 個
隱形磁釦	1 組
磁釦	1 組

裁布：※ 除指定外，外加縫份皆為 0.7cm。
 　　　※ 單膠棉皆不外加縫份。

表布、洋裁襯、單膠棉
・前表布、單膠棉 依紙型 各 1 片
・後表布、單膠棉 依紙型 各 1 片
・上袋口貼邊、洋裁襯 依紙型 各 2 片
・表袋底、洋裁襯 依紙型 各 2 片
・滾邊布 4×80cm 1 條（斜布已含縫份）

裡布、洋裁襯
・裡袋身、洋裁襯 依紙型 各 2 片
・裡袋底貼邊、洋裁襯 依紙型 各 2 片
・勾環帶 3.5×10cm、3.5×4cm 各 1 條（已含縫份）

配色布 1
・裝飾帶 9X42cm（已含縫份）

配色布 2、單膠棉、洋裁襯（單膠棉不需加縫份）
・袋蓋表布、單膠棉 依紙型 各 1 片
・袋蓋裡布、洋裁襯 依紙型 各 1 片
・口袋表布、單膠棉 依紙型 各 1 片
・口袋裡布、洋裁襯 依紙型 各 1 片
・包繩布 2.5×55cm 2 條（斜布已含縫份）

{How to make}

01 製作前表袋身。

表布依紙型外加縫份＋單膠棉剪裁共 2 片。

裝飾帶布正面相對對摺車縫。

裝飾帶翻回正面，上下車 0.1cm 臨邊線。

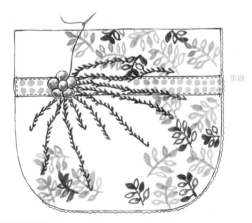

將裝飾帶依位置固定在前袋身，再縫上古銅花與刺繡。

02 製作後表袋身。

後表布燙單膠棉。

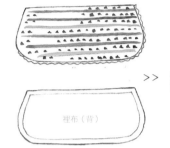

製作口袋：袋蓋表布＋單膠棉、袋蓋裡布＋洋裁襯。

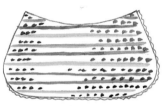

袋蓋表、裡布正面相對留返口車縫。

>>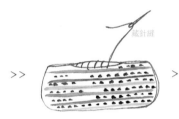

翻回正面，縫合返口。

>>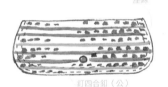

於袋蓋正面壓裝飾線。

>>

口袋表布＋單膠棉、裡布＋洋裁襯。

>>

口袋表、裡布正面相對留返口車縫。翻回正面縫合返口。

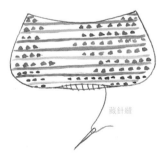

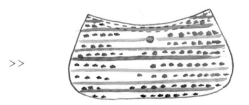

正面袋口壓裝飾線。

>>

袋蓋上端車縫一道，口袋車縫∪形固定於後表袋身。

03 車縫包繩。

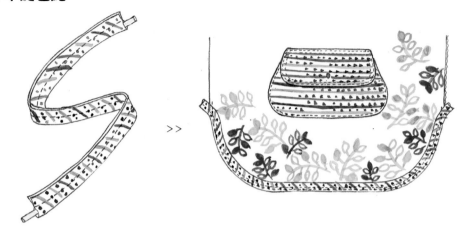

先固定棉繩及包繩布。　　　　　　　　各別於前、後表袋身下側車上包繩。

04 組合表袋身及袋底。

留 0.7cm
不車

表袋底 (背)

留 0.7cm 不車

壓線

前、後表袋身與表袋底各別正面相對，車縫。　　　翻回正面，沿包繩車一道裝飾線。

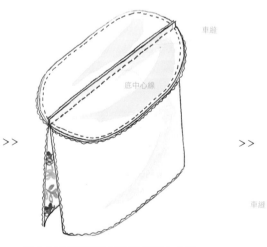

車縫

底中心線

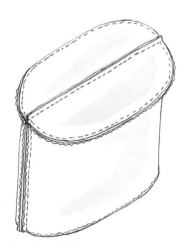

車縫

將 2 片表袋底正面相對車縫底中心線。　　　再車縫表袋兩側。

05 製作勾環帶組。

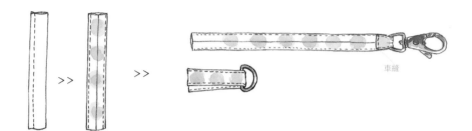

正面相對車縫一道。
翻回正面連接處置
中，兩側車縫裝飾。

短勾環帶套入 D 型環備用；長勾環帶套
入問號鉤，車縫固定備用。

06 組合裡袋身、上袋口貼邊及裡袋底。

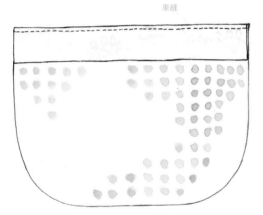

裡袋身與上袋口貼邊正面相對車縫，攤開後縫份倒向裡布壓 0.1cm
臨邊線。

於紙型位置車縫固定勾環帶組。   >>

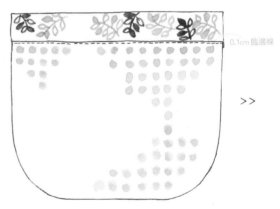

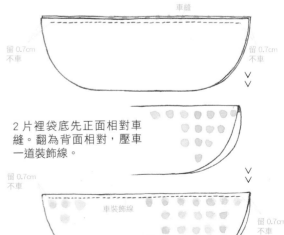

2 片裡袋底先正面相對車
縫。翻為背面相對，壓車
一道裝飾線。

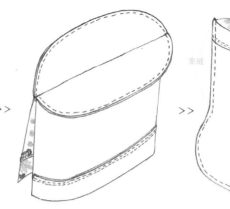

先將一片裡袋身與裡袋底正面相對車縫。

另一邊同作法。

車縫裡袋身兩側。

07 組合表、裡袋身。

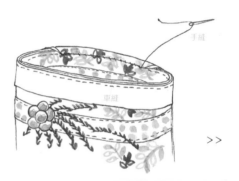

裡袋套入表袋，背面相對，袋底表裡布手縫固定。表袋底正面縫上一組磁釦。

袋口先縫上隱形磁釦，再滾邊。

縫上持手。

08 完成。

13 雙面女郎托特包 紙型：A面

{ How to make }

用布量／材料配件：

表布（選用義大利厚質酒袋布）		2 尺
裡布（選用豹紋布）		2 尺
洋裁襯		2 尺
口袋布（印花布）	20×30cm	1 片
PE 板	13.5×33.5cm	1 片
雙面雞眼		4 個
活動 D 型環		4 個
裝飾皮片拉鍊	15cm	1 條
隱形磁釦		2 組
持手		1 組

裁布：※ 除指定外，外加縫份皆為 1cm。

表布、洋裁襯

・表袋身、洋裁襯 依紙型 各 2 片
・裡袋底 依紙型 1 片

裡布、洋裁襯

・裡袋身 依紙型 2 片
・表袋底、洋裁襯 依紙型 各 1 片
・袋口滾邊布 5×110cm（斜布）1 片

01 製作表袋正面。

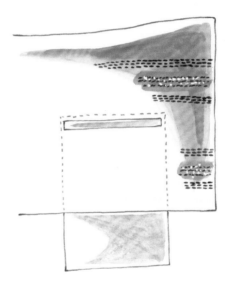

取一片表布依紙型位置開一字拉鍊口袋（作法請參考 P.12）。

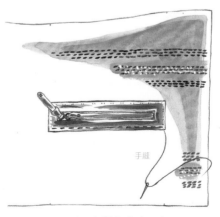

手縫

於拉鍊口手縫固定裝飾皮片下方。

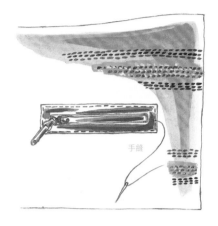

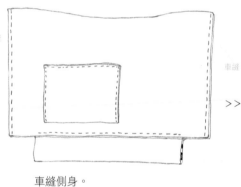

將背面的口袋布往上摺與皮片拉鍊上方對齊後，車縫口袋布之兩側與上方，再手縫固定正面皮片的ㄇ型。

表袋身與表袋底正面相對車縫，翻開後縫份倒向表布，於表布正面壓 0.1cm 臨邊線。

02 組合表袋身及表袋底。

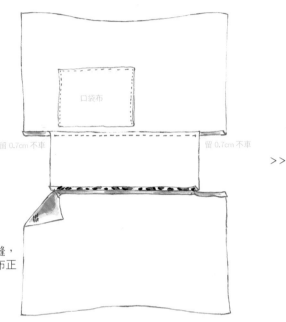

口袋布

留 0.7cm 不車　　　　　　　留 0.7cm 不車

>>

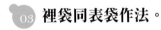
車縫側身。

>>

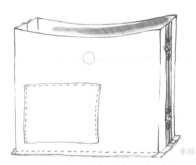

車縫底角，按紙型位置縫隱形磁釦。

03 裡袋同表袋作法。

04 組合表、裡袋。

>>

先將 PE 板放在表袋底與裡袋底中間。

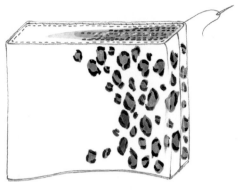

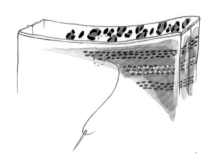

再平針縫手縫一圈將 PE 板固定。

將隱形磁釦置入紙型位置，手縫固定
（隱形磁釦作法請參考 P.09）。

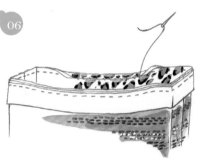

06

袋口車縫滾邊一側，另一側藏針縫
固定。

07

釘上雞眼，扣上持手。

08 **完成。**

14

時尚囧臉造型包

紙型：B面

用布量／材料配件：

表布		2 尺
表配色布		1 尺
裡布		2 尺
洋裁襯		2 尺
PE 底板	13×30 cm	1 片
拉鍊	40 cm	1 條
	20 cm	2 條
	15 cm	1 條
裝飾釦		4 個
皮繩	長 40 cm	2 條
皮革對釦		1 組
造型皮環		2 個

裁布： ※ 除指定外，外加縫份皆為 0.7cm。

表布
· 上片表袋身 依紙型 2 片
· 下片表袋身 依紙型 2 片
· 左、右片表袋身 依紙型 各 2 片
· 持手裝飾皮片（小）依紙型 4 片
· 持手皮革布 5×40cm 2 條（正斜布）
· 包拉鍊尾布 寬 5× 長 6cm 1 片

表配色布
· 表側身 依紙型 2 片
· 外口袋表布 依紙型 1 片
· 表袋身一字拉鍊滾邊布 3×18cm 2 片
· 袋口出芽布 3×100cm（橫布）1 片
· 持手裝飾皮片（大）依紙型 8 片

裡布、洋裁襯
· 裡袋身、洋裁襯 依紙型 各 2 片
· 表袋身一字拉鍊口袋布 18×30cm 1 片
· 外口袋裡布 依紙型 1 片

{How to make}

※ 此作品以皮革布來呈現，如使用其他布料，請考慮布料屬性及貼襯方式。

01 製作表袋身雙滾邊口袋。

對摺處

①車縫固定

雙滾邊布對摺車縫固定，共 2 片。

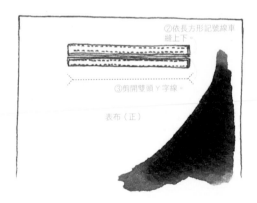

②依長方形記號線車縫上下

③剪開雙頭丫字線。

表布（正）

在表布依拉鍊位置畫出 1.8×15.5cm 的長方形記號，將雙滾邊覆蓋於記號上，車縫長方形記號的上、下線。在記號線中央剪雙頭丫字線。

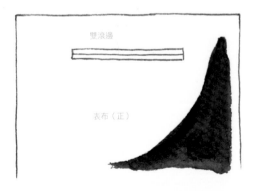

雙滾邊

表布（正）

將雙滾邊從開口翻至表布背面，正面看如圖。

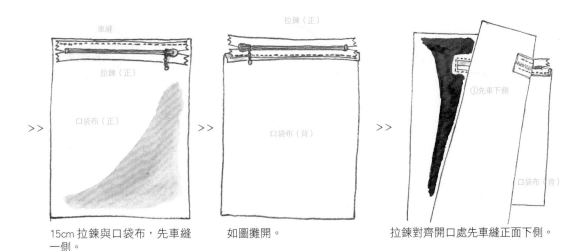

>> 15cm 拉鍊與口袋布，先車縫一側。

>> 如圖攤開。

>> 拉鍊對齊開口處先車縫正面下側。

①先車下側

車縫

拉鍊（正）

拉鍊（正）

口袋布（正）

口袋布（背）

口袋布（背）

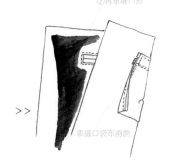

②再車縫ㄇ形

>> 再將口袋布往上摺與拉鍊上緣對齊，於正面ㄇ形壓線，另外將口袋布車縫兩側。

車縫口袋布兩側

02 製作表袋身外口袋。

外口袋表布先車縫二側拉褶。（裡布作法相同）

>> 於拉褶處正面壓線 0.1cm 裝飾。

>> 表、裡布正面相對。

表布（背）

表布（正）

裡布（背）

表布（正）

車縫

壓線

>> 留返口車縫一圈。

>> 由返口翻回正面，袋口壓線裝飾。

車縫

車縫

返口

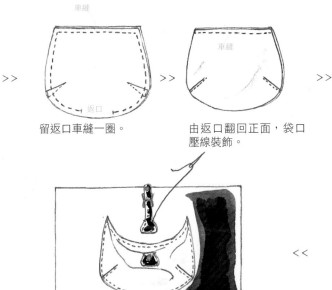

依紙型位置縫上皮革對釦。

<<

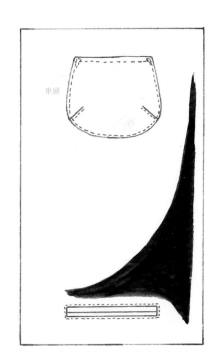

車縫

將外口袋U形車縫固定於表布位置。

03 **組合表袋身。**

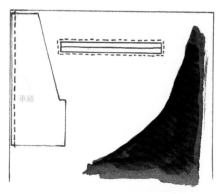

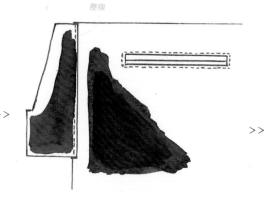

下片表袋身與左表側身正面相對車縫。

翻開至正面，壓線固定（右表側身作法相同）。

04 **製作持手。**

持手布（縫份內摺）包住皮繩。

車縫固定，備用。

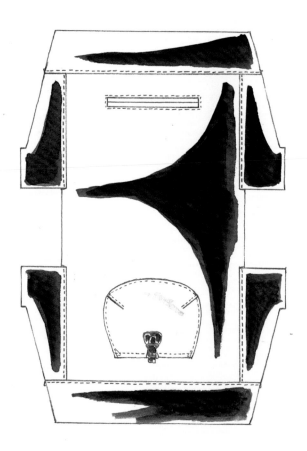

組合側身後，再與上片表袋身車縫組合。

05 **製作持手裝飾皮片。**

先將第一層皮片（小）固定在第二層皮片（大）。

再以水溶性膠帶固定於第三層皮片（大）。

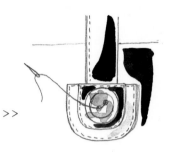

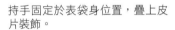

持手固定於表袋身位置，疊上皮片裝飾。

車縫皮片（大）外圍一圈固定持手。

手縫上裝飾釦。

06 組合袋底與袋身。

摺疊袋身及袋底交界處，臨邊壓線車縫固定。

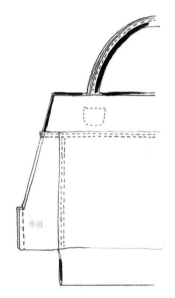

袋身正面相對，車縫側身兩側。

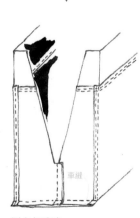

側身打底角。

07 組合袋身與拉鍊側身。

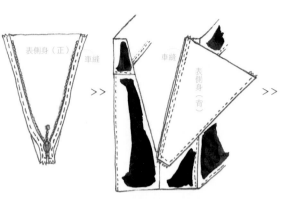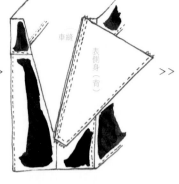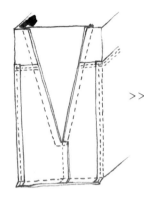

拉鍊固定於表
側身上。

表側身與表袋身正面相對車
縫（另一側作法相同）。

組合後背面如圖。

手縫上造型皮環做裝飾。

08 製作袋口拉鍊。

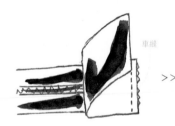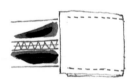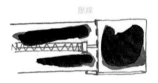

尾布與拉鍊正面相對車縫。

尾布正面相對對摺，車縫
兩側。

尾布翻回正面套住拉鍊尾，
壓線固定。

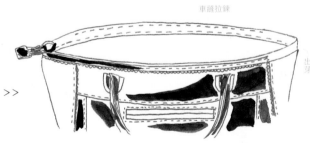

出芽布對摺固定在袋口。

將拉鍊依記號，車縫固定在出芽上。

09 組合表、裡袋身。

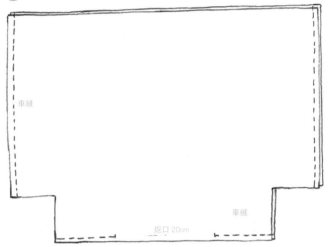

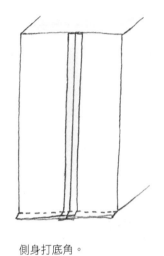

側身打底角。

裡布內袋功能請自訂。

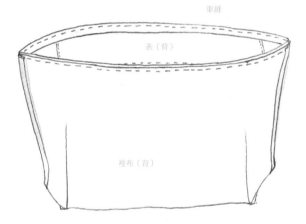

表袋身與裡袋身正面相對，車縫袋口一圈。

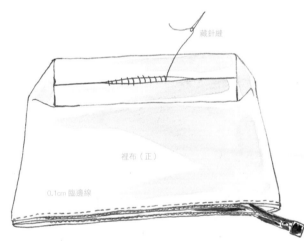

由返口翻出裡布正面，袋口縫份倒向裡布壓 0.1cm 臨邊線，袋底放入 PE 板後縫合返口。

10 完成。

翻回表袋身正面。

15

焦糖摩卡公事包　紙型：B 面

用布量／材料配件：

表布（皮革）		2 尺
裡布		2 尺
洋裁襯		2 尺
鉚釘		8 個
皮革對釦		1 組
四合釦		2 組
造型鍊條	長約 30cm	1 組
拉鍊	15cm	2 條
PE 板	14×34 cm	1 片
織帶	寬 4×60cm	2 條
	寬 2×60cm	2 條
刺繡線		適量

裁布：※ 除指定外，外加縫份皆為 1.5cm。

表布

· 表袋身 36×40cm（上端縫份外加 1cm、其他
　三邊外加 1.5cm） 2 片
· 表側身 116×16cm 1 片
· 前表布拉鍊皮片 依紙型（不需留縫份） 1 片
· 持手皮革襠布 2×6cm 8 片（2 片重疊為一組）

裡布、洋裁襯

· 裡袋身、洋裁襯 36×35cm 2 片
· 裡側身、洋裁襯 106×16cm 1 片
· 口袋布 20×20cm 2 片
· PE 板包布 30×35.5cm 1 片

{How to make}

01 **製作表袋身。**

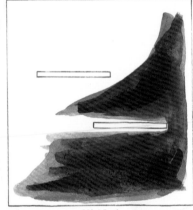

前表袋身依紙型拉鍊位置先裁為鏤空。

車縫皮革布外圍一圈

將拉鍊皮片車在前表袋身上。

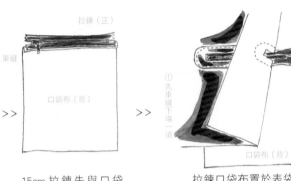

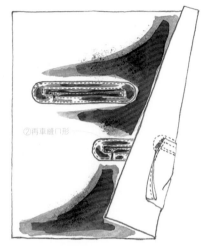

15cm 拉鍊先與口袋
布車縫。

拉鍊口袋布置於表袋身
背面，於拉鍊口正面車
縫一道。

口袋布向上摺對齊拉鍊上端，車縫口袋布
兩側。再於正面拉鍊口車縫冂形，固定拉
鍊。（另一個口袋作法相同）

 組合表、裡布。

表、裡布正面相對車縫。

攤開至正面，縫份倒向表布，相接處壓
一道臨邊線。

 組合表、裡側身。

正面相對車縫兩端短邊。

翻回正面，縫份倒向表側身，相接處壓
臨邊線固定。

U形車縫固定，備用。（後袋身作法同
前袋身）

車縫長邊固定，備用。

組合袋身及側身。

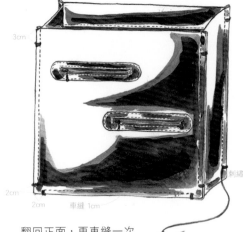

前、後袋身與側身正面相對從背面車縫 0.5cm ㄩ形。

翻回正面,再車縫一次 ㄩ形縫份為 1cm。以刺 繡線如圖定點手縫裝飾 袋身。

製作持手。

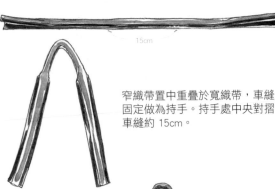

皮革襯布 2 片重疊車縫為 1 組,共製作 4 組。

窄織帶置中重疊於寬織帶,車縫 固定做為持手。持手處中央對摺 車縫約 15cm。

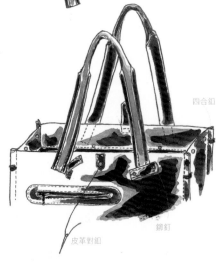

皮革襯布重疊於持手上車縫固定,釘 上鉚釘裝飾。袋口手縫皮革對釦、側 身釘上四合釦。

裝上造型鍊條,完成。

16

璀璨光芒時尚手拿包 紙型：B面

用布量／材料配件：

表布		2 尺
裡布		2 尺
細紗網布		2 尺
襯棉		2 尺
薄布襯		2 尺
洋裁襯		2 尺
持手		1 組
水鑽雞眼		2 組
土耳其字母水鑽 + 皮帶		自訂
造型釦		7 個
拉鍊	12cm	1 條
PE 板	10×30cm	1 片
裙鉤		1 組
DMC 5 號線		適量

裁布：※ 除指定外，外加縫份皆為 0.7cm。

表布、襯棉、薄布襯
· 表袋身、襯棉、薄布襯 依紙型外加 2cm 縫份粗
　裁 各 1 片
· 表袋底、襯棉、薄布襯 依紙型外加 2cm 縫份粗
　裁 各 1 片
· 袋底滾邊布 4.5×90cm 1 片（斜布已含縫份）
· 袋口滾邊布 4.5×60cm 1 片（斜布已含縫份）
· 前袋身滾邊布 4.5×36 cm 1 片（斜布已含縫份）

細紗網布
· 細紗網布與表布同尺寸 1 片

裡布、洋裁襯
· 裡袋身、洋裁襯 依紙型 各 1 片
· 裡袋底、洋裁襯 依紙型 各 1 片

{ How to make }

※ 運用細紗網布搭配布料及手縫壓線來表
現作品的獨特性。

01 製作表袋身。

細紗網布 + 表布 + 襯棉 + 薄布襯，先行疏縫。

再依細紗網布的圖形做壓線設計。

02 裡袋依個人喜好設計完成內袋功能。

03 組合袋身。

 >>

表袋身與裡袋身先正面相
對夾車拉鍊一邊。

攤開至正面，縫份倒向裡
布壓 0.1cm 臨邊線。

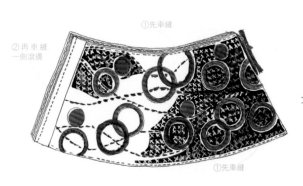

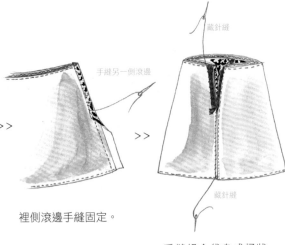

表、裡布背面相對車縫上下端固定。另一側布端車縫滾邊。

裡側滾邊手縫固定。

手縫組合袋身成桶狀。另一側拉鍊手縫固定。

04 袋口滾邊。

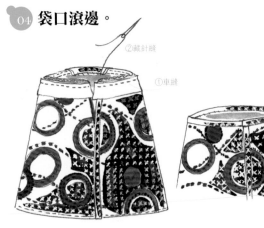

05 製作袋底。

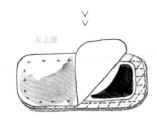

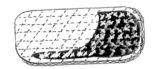

表袋底壓線（橫線＋30°斜線）完成。

∨

將PE板放入表袋底與裡袋底中間。手縫固定PE板位置（星止縫作法參考P.22）。

06 組合袋身及袋底。

表袋身下方先車縫一側滾邊布。

∨

袋身與袋底車縫一圈，再手縫另一側滾邊。

07

釘上水鑽雞眼、縫上裝飾鈕與持手。

08

裝上土耳其字母水鑽皮帶，即完成。

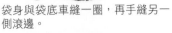

17 學院派手提側背兩用包 紙型：B面

裁布：※ 除指定外，外加縫份皆為 0.7cm。

※ 表布與配色布所需的厚布襯，皆燙原寸不另加縫份。

用布量／材料配件：

表布		2 尺
配色布		2 尺
裡布		3 尺
厚布襯		1 碼
洋裁襯		1 碼
拉鍊	40cm	1 條
	25cm	1 條
織帶	寬 2.5cm	4 尺
日型環		1 個
蛋形環		2 個
三角吊環		2 個
持手		1 組
側身造型皮帶		2 條
四合釦		1 組
古銅裝飾釦		1 個
造型拉鍊持手		1 組
裝飾木釦		1 個
PE 板	11.5×34.5cm	1 片

表布、厚布襯、洋裁襯

· 前上袋身、厚布襯 依紙型 各 1 片
· 後上袋身、厚布襯 依紙型 各 1 片
· 後口袋布、厚布襯 依紙型 各 1 片
· 前口袋布、洋裁襯 依紙型 各 1 片
· 後下袋身、厚布襯 依紙型 各 1 片
· 袋底、厚布襯 依紙型 各 1 片
· 吊環布 5×6cm 2 片
· 袋口滾邊布 4.5×96cm 1 片（斜布）

配色布、厚布襯、洋裁襯

· 前拉鍊配色布、厚布襯 依紙型 各 1 片
· 包拉鍊頭、尾襠布 2×3cm 4 片（前口袋）
· 持手蓋布、厚布襯 依紙型 各 4 片
· 側袋身、厚布襯 依紙型 各 2 片
· 後袋蓋、厚布襯 依紙型 各 1 片
· 後袋蓋、洋裁襯 依紙型 各 1 片
· 包拉鍊尾布 6×4cm 1 片
· 後口袋滾邊布 4×30cm 1 片（斜布）
· 織帶配色布 3×90cm（斜布）

裡布、洋裁襯

· 前裡上袋身、洋裁襯 依紙型 各 1 片
· 前裡下袋身、洋裁襯 依紙型 各 1 片
· 後口袋、洋裁襯 依紙型 各 1 片
· 前裡袋身、洋裁襯 依紙型 各 1 片
· 裡袋身、洋裁襯 依紙型 各 2 片
· PE 板包布 25×36cm 各 1 片

01 製作前表布口袋。

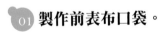

前口袋布先上下抽褶。

>>

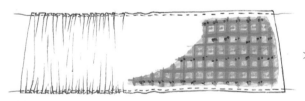

上方抽褶縮至與配色布長度相符後車縫

>>

與前拉鍊配色布正面相對組合。

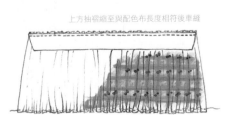

壓線

攤開至正面，相接處壓線固定，做為前表下袋
身備用。

02 前口袋拉鍊頭尾車上襠布。

兩片襠布夾拉鍊正面相
對,車縫。

翻回正面。

頭、尾襠布作法相同,完成備用。

03 製作前表袋身。

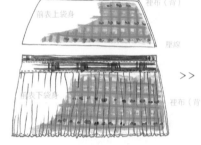 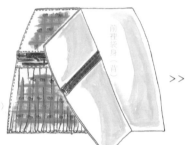 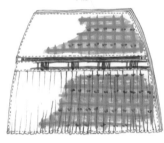

前表下袋身與裡布正面相對夾拉
鍊車縫一側,翻回正面相接處壓
線固定。(前表上袋身與裡布夾
車拉鍊另一側,作法同下袋身。)

再將完成之整片前表袋身與前裡
袋身背面相對車縫。

前袋身完成。

04 製作後表布口袋。

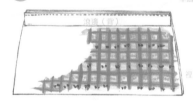 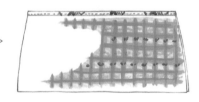

後袋身口袋布上側與裡布背對背組合後,
車縫袋口滾邊一側。

完成滾邊,備用。

05 製作袋蓋。

後口袋袋蓋布2片正面相
對車縫剪牙口。翻回正面
壓線裝飾。

06 製作後表袋身。

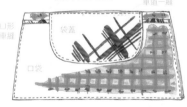  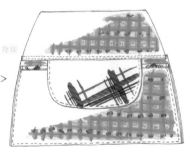

後表下袋身與後口袋及袋蓋組合。

再與後表上袋身正面相對組合。

攤開至正面,壓車裝飾線。

組 合表袋身、表側身及表袋底。07

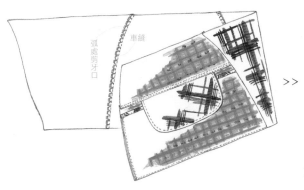

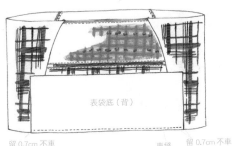

>>

前表袋身、後表袋身與表側身正面相對組合。

再與表袋底組合。

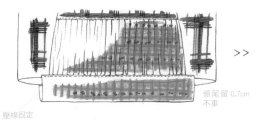

>>

於表袋底正面相接處壓臨邊線。

表側身打底角。

08 **裡袋身之內袋設計請依個人喜好製作。**

09 **製作裡袋身。**

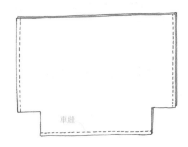

裡袋身布正面相對車縫兩側及底中心。

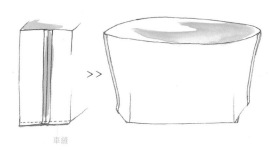

>>

裡側身打底角，備用。

10 **製作吊環布。**

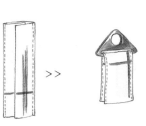 >>

摺疊後車縫兩側。　套入三角吊環。　吊環布固定在表袋二側。

11 組合表、裡袋身。

裡袋身套入表袋身背面相對，車縫一側滾邊。

12 製作袋口持手蓋布。

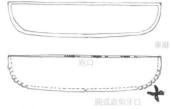

2 片蓋布正面相對車縫。

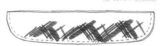

翻回正面壓裝飾線，共製作 2 片。

13 持手蓋布先車縫上拉鍊。

將持手蓋布車縫在袋口內側後，接續作法 11，將已車好之滾邊布包覆袋口，手縫固定。

14 製作底板。（作法參考 P.90）

15 製作側背帶。（作法參考 P.20）

16 安裝配件。

縫上持手及側身造型皮帶、釘上四合釦。

17 完成。

18 繽紛世界萬用包 〔紙型：A面〕

用布量／材料配件：

表布（袋蓋）		2 尺
裡布		2 尺
表布（袋身）		1.5 尺
配色布（袋身滾邊）		2 尺
薄布襯		2 尺
厚布襯		2 尺
襯棉		2 尺
書包釦		1 組
雞眼		4 組
蛋形鉤環		2 個
活動式 D 型環		2 個
鉚釘		2 組
織帶	2.5×66cm	1 條
拉鍊	20cm	1 條

裁布：※ 除指定外，外加縫份皆為 0.7cm。
※ 厚布襯皆為原寸不加縫份。
※ 若選用之表布不夠硬挺，需先燙厚布襯處裡，再加襯棉。

表布（袋蓋）、表布（袋身）、襯棉、薄布襯
· 表袋蓋、薄布襯、襯棉 依紙型 各 1 片
· 表前袋身、薄布襯、襯棉 依紙型 各 1 片
· 持手配色布 3×36cm 1 片

裡布、厚布襯
· 裡袋蓋、厚布襯 依紙型 各 1 片
· 裡前袋身、厚布襯 依紙型 各 1 片
· 夾層 依紙型 2 片
· 拉鍊頭、尾檔布 2.5×6cm 4 片

配色布
· 滾邊布 5×220cm 1 片（斜布）

{ How to make }

01　製作表裡袋蓋。

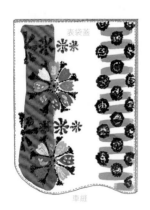

表袋蓋＋襯棉＋薄布襯，車縫固定一圈；裡袋蓋燙厚布襯，備用。

02　製作表前袋身。

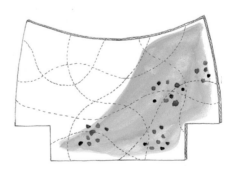

表前袋身＋襯棉＋薄布襯，以手縫或機縫自由壓線；裡前袋身燙厚布襯，備用。

03 製作裡布夾層。

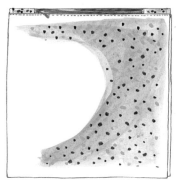

取2片拉鍊襠布正面相對夾拉鍊車縫,翻回正面,備用。(頭、尾作法相同)

夾層布2片正面相對夾拉鍊車縫一側。

翻至正面,臨邊壓線固定。

夾層布向上對摺,夾拉鍊另一側車縫,同前作法壓臨邊線。

拉鍊向下調整位置約1.5cm,車縫兩側固定。

04 組合袋蓋。

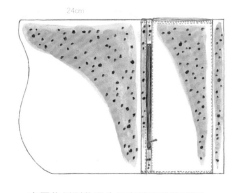
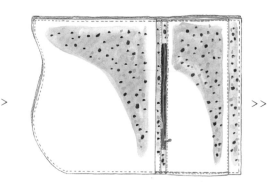

夾層依紙型位置先固定於裡袋蓋正面。

表袋蓋與裡袋蓋背面相對,車縫固定(縫份0.3cm)。

表袋正面先車縫滾邊一側。

05 組合袋身。

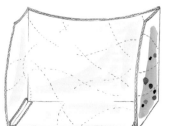

接續作法2,車縫表前袋身、裡前袋身之底角。

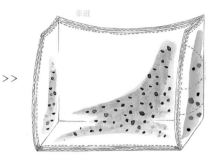

>>

背面相對套合，車縫一圈固定。

袋口處滾邊。

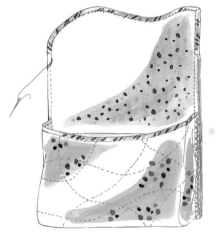

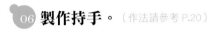

06 **製作持手。**（作法請參考 P.20）

鉚釘

織帶車縫配色布裝飾後，織帶兩端
套入蛋形鉤環，縫份內摺用鉚釘固
定。

前袋身對齊袋蓋下端，車縫凵形，
再將袋蓋另一側滾邊手縫完成。

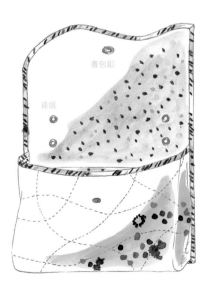

07

書包釦

雞眼

參照紙型位置釘上雞眼與書包釦。

08

持手勾住雞眼，即完成。

19

英倫風情手拿側背兩用包 紙型：B 面

用布量／材料配件：

袋身表布		1.5 尺
內口袋表布		0.5 尺
內口袋裡布		0.5 尺
袋身裡布		1 尺
美國棉		1 尺
洋裁襯		1 尺
厚布襯		1 尺
PE 底板	8×18 cm	1 片
持手		1 組
側背帶		1 組
裝飾釦		2 個
造型蝴蝶結		1 個
D 型環		2 個
拉鍊	15cm	1 條
	12 cm	1 條
造型拉鍊頭		1 個
撞釘磁釦		1 組

裁布：※ 除指定外，外加縫份皆為 0.7cm。

袋身表布、美國棉
· 表袋身、美國棉 依紙型 各 2 片
· 表袋蓋、美國棉 依紙型 各 1 片
· 吊環布 3×5.5cm 2 片

內口袋表布、洋裁襯
· 內口袋表布、洋裁襯 依紙型 各 1 片
· 拉鍊頭、尾襠布 4.5×2cm 4 片

內口袋裡布、洋裁襯
· 內口袋裡布、洋裁襯 依紙型 各 1 片（長度比表布少 1cm）
· 12cm 拉鍊口袋布 16×22cm 各 1 片

配色布、美國棉
· 表袋底、美國棉 依紙型 各 1 片
· 裡袋蓋、美國棉 依紙型 各 1 片
· 袋蓋配色滾邊布 4×48cm（斜布）
· 表袋口滾邊布 4×46cm（斜布）

裡布、厚布襯
※ 裡袋身與裡袋底依紙型外加 0.7cm 裁布，但車縫縫份為 1cm。
· 裡袋身、厚布襯 依紙型 1 片
· 裡袋底、厚布襯 依紙型 1 片

{How to make}

01 **製作表袋身、表袋底。**

  >>  >>

×2 片

車縫

表袋身與表袋底鋪上美國棉，四周車縫固定。

製作吊環布：布片摺疊，車縫兩側固定。套入 D 型環。

吊環布先車縫在表袋正面兩側。

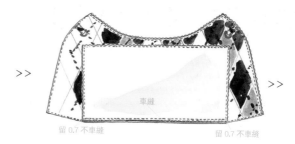

留 0.7 不車縫　　　　　　　　留 0.7 不車縫

表袋身與表袋底組合。

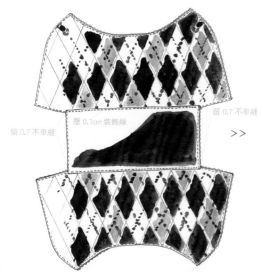

壓 0.1cm 裝飾線

留 0.7 不車縫

留 0.7 不車縫

相接處縫份倒向袋底，壓 0.1cm 裝
飾線。

弧處剪牙口

車縫

再車縫兩側脇邊，剪牙口。

捲針縫

車縫

脇邊縫份捲針縫固定，車
袋底底角。

02 製作內口袋。

滾邊（背）　　車縫

翻回正面，袋口車縫滾邊一側備用。

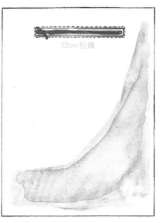

12cm 拉鍊

內口袋表布先開一字型拉鍊，完成後
備用。（一字型拉鍊作法請參考 P.12）

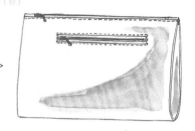

15cm 拉鍊頭尾先車上襠布。

內口袋表、裡布正面相對夾車拉鍊一側,翻回正面臨邊壓線。

同前作法,內口袋表、裡布夾車另一側拉鍊,完成內口袋備用。

03 組合裡袋身及內口袋。

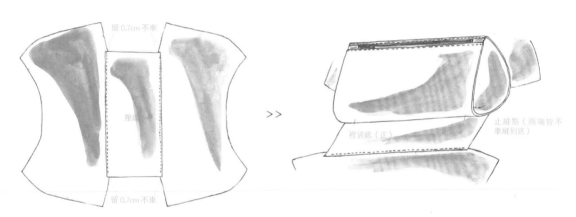

裡袋身與裡袋底正面相對車縫,頭、尾留0.7cm 不車,翻回正面,縫份倒向袋底壓線。

將內口袋車縫在裡袋底指定位置。

04

車縫組合裡袋及內口袋脇邊。
(內口袋兩側也可先車縫一次固定)

車縫袋底底角。

將 PE 板先放入表袋底與裡袋底中間。

05
表、裡袋口疏縫

>>

手縫固定表袋及裡袋口。

另一側滾邊藏針縫。

06 **製作袋蓋。**

車縫

>>

表袋蓋＋美國棉與裡袋蓋
背面相對組合。

車縫一側滾邊，藏針縫另一側滾邊。

07 **組合袋蓋及蓋身。**

撞釘磁釦
藏針縫
後袋身
手縫止縫點
手縫裝飾釦

08

袋蓋正面縫上裝飾釦（及造型蝴蝶結）。

依袋蓋正面指定位置釘上撞釘磁釦（撞
釘磁釦作法請參考 P.10），再依弧度將袋
蓋一側藏針縫固定在後袋身。

09 **完成。**

20

經典黛妃包 紙型：B面

用布量／材料配件：

表布	2 尺
裡布	2 尺
襯棉	2 尺
洋裁襯	3 尺
雙面雞眼	4 組
活動圓形環	4 個
磁釦	1 組
造型花飾	1 個
小珠珠	適量
織帶	寬 2.5cm　2 尺

裁布：※ 除指定外，外加縫份皆為 0.7cm。

表布、襯棉、洋裁襯

· 表袋身、襯棉、洋裁襯 依紙型裁表袋身 2 片、
　襯棉 4 片、洋裁襯 2 片
· 表側身、襯棉、洋裁襯 依紙型裁表側身 1 片、
　襯棉 2 片、洋裁襯 1 片
· 持手布 7×45cm 2 片（斜布）
· 袋口滾邊布 4×30cm 2 條（斜布）
· 側身表滾邊布 4×26cm 2 條（斜布）

裡布、洋裁襯

· 裡袋身、洋裁襯 依紙型 各 2 片
· 裡側身、洋裁襯 依紙型 各 1 片
· 側身裡滾邊布 4×130cm 1 條（斜布）

{ How to make }

01 表布鋪棉壓線。

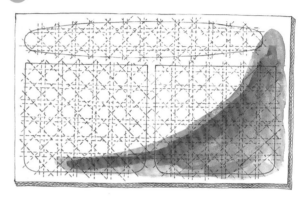

表袋身與表側身裁布先依紙型外加 2cm 粗裁，壓線完成
後再依紙型外加縫份 0.7cm 裁剪正式尺寸備用。（壓線
作法參考 P.13）

02 組合表、裡袋身。

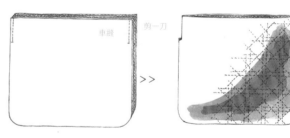

表袋身與裡袋身正面　　翻回正面。
相對，先車縫兩側。

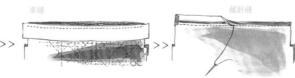

袋口車縫一側滾邊。　　滾邊布兩端內摺，藏針縫
　　　　　　　　　　　　另一側滾邊。（另一片袋
　　　　　　　　　　　　身作法相同）

03 組合表、裡側身。

車縫 0.3cm 處

表側身與裡側身背面相對車縫。

04 組合袋身及側身。

止縫點　　　　　　　　止縫點

車縫

05 製作滾邊。

表滾邊布　　　裡滾邊布

裡滾邊布

連接三段滾邊。

>>

表、裡滾邊布分界記號點

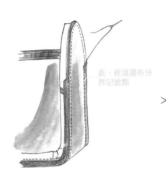

側身上側滾邊為表布，記號點下為裡布。

>>

藏針縫

完成滾邊備用。

06 製作持手。（作法請參考 P.21）

正面　　　　背面

>>

07 安裝配件。

雞眼

磁釦

雞眼

縫造型花飾

縫珠珠

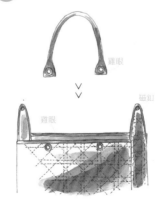

>>

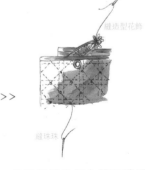

持手及袋身釘上雙面雞眼（作法參考 P.06），袋身縫上珠珠裝飾，側身縫上磁釦及造型花飾。

08 完成。

以活動圓形環組合持手及袋身，完成。

21

午茶時光環保組 紙型：A面

裁布：※除指定外，外加縫份皆為 0.7cm。

用布量／材料配件：

表布

· 收納袋 16×55cm1 片（含縫份）
· 表杯套布 依紙型 4 片
· 表飲料套 依紙型 1 片

裡布

· 裡杯套布 依紙型 1 片
· 裡飲料套 依紙型 1 片

咖啡杯套

表布	0.5 尺
裡布	0.5 尺
美國棉	0.5 尺
滾邊布	4×30cm 1 片（斜布）

收納袋

表布	16×55cm
裝飾釦	1 個
繡線	適量

飲料套

表布	0.5 尺
裡布	0.5 尺
提帶布	5×25cm 1 片（含縫份）
裝飾釦	2 個

{How to make}

01 製作咖啡杯套。

依紙型裁表布 4 片，拼接後裁美國棉 1 片，沿表布正面的拼接處落針壓線。接著正面相對形成圈狀車縫固定。

裡布依紙型裁 1 片，車成圈狀。

裡布套入表布正面相對，車縫下端一圈，縫份倒向上方以捲針縫固定鋪棉。

翻回正面袋口滾邊。

02 **製作飲料套。**

杯套表裡布正面相對先車上、下段（頭尾先留5cm不車）。

翻至正面後,再分別裡與裡、表與表車頭尾。

車裝飾線

上、下側縫份燙入,正面壓0.1cm裝飾線。

返口

提帶布正面相對對摺,車縫留返口。

03 **製作收納袋。**

返口

翻至正面接縫處置中,返口藏針縫,兩側壓0.1cm裝飾線。

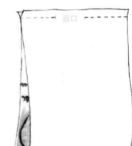

提帶以造型釦固定在杯套兩側,完成。

返口

將表布正面相對對摺,留返口5cm車縫。

返口

10cm

車縫

如圖摺疊表布,車縫兩側。

翻到裡袋底,返口藏針縫,再翻回正面。

釦眼

2cm

四周毛毯邊縫（請參考P.22）,開釦眼縫上造型釦,完成。

喜18週年慶
8 結你&我

縫紉姐妹會 7/15（五）~ 12/31（六）

歡迎來體驗

悠閒嗜好養成班~

歡迎加入 縫紉姐妹會

歡迎至全台喜佳縫紉品索取~
縫紉姐妹同樂Go 優惠小冊

好康通通在裡面！

購機贈
500元商品券

憑券購買20,000元以上才藝機型，另加贈商品券500元。

免費賞車

憑優惠券可免費參加
Key的新衣賞車活動
（原價$50）

鑑賞課程優惠

憑券參加當月份鑑賞課程，
可享優惠（依當月份活動規劃）。

三層巧巧包

報名課程折抵300元

憑優惠券報名參加任一套初級課程
可依當月份促銷金額再折抵300元，
每券限一人報名。

溫馨家飾初級班

機縫拼布初級班　　　簡單洋裁初級班

 臺灣喜佳股份有限公司

http://www.cces.com.tw　客服專線：0800-050855

截角享優惠

剪下封底
折口處的好康
截角，眾多優惠
立即享有!! ▶▶ 封底折口

玩布生活 **02**

玩包主義
時尚魔法 fun 手作

作者	李依宸
總 編 輯	彭文富
編輯	張維文
攝影	劉政奕
美編設計	柚子貓
作法繪圖	Lapine

出版者	飛天出版社
地址	新北市中和區中山路 2 段 530 號 6 樓之 1
電話	(02)2223-3531・傳真／(02)2222-1270
網站	http://cottonlife.pixnet.net/blog
E-mail	cottonlife.service@gmail.com

■ 發行人／彭文富
劃撥帳號：50141907 ■ 戶名：飛天出版社

■ 總經銷／時報文化出版企業股份有限公司
■ 倉庫地址／新北市中和區連城路 134 巷 16 號
■ 電話／(02)27239968 傳真／(02)2723-9668

初版／2011 年 10 月
本書如有缺頁、破損、裝訂錯誤，請寄回本公司更換
ISBN：978-986-86034-7-9
定價：400 元
PRINTED IN TAIWAN
WA0101

玩包主義：時尚魔法 fun 手作／李依宸作. --
初版. -- 新北市：飛天，2011.10
　面；　公分. --（玩布生活；2）
　ISBN 978-986-86034-7-9(平裝)
1. 手提袋 2. 手工藝

426.7　　　　　　　　100016143

好用縫紉工具抽獎回函

感謝您購買飛天出版社的圖書，請您仔細填寫以下的相關個人資料，也非常歡迎您給我們的建議與批評，讓讀者滿意是我們持續努力的目標。

回函請於 2011 年 11 月20日前寄回，就有機會獲得好用工具，中獎名單將於 2011 年 11 月25 日公布於本社網站（http://cottonlife.pixnet.net/blog）並以電子郵件或電話方式通知得獎者。

★個人資料 Personal Information

姓　　名：_____

性　　別：□女　　□男　　年齡_____歲

出生日期：____月____日　　　　職　　業：□家管　□上班族　□學生　□其他_____

手作經歷：□半年以內　□一年以內　□三年以內　□三年以上

聯繫電話（H）_____（O）_____（手機）_____

通訊地址：郵遞區號□□□□□_____

E-Mail：_____

1. 您從何處購得本書？

實體書店（□金石堂　□誠品　□其他_____）

網路書店（□博客來　□金石堂　□誠品　□其他_____）

量 販 店（□家樂福　□大潤發　□愛買　□其他_____）

2. 封面設計整體感覺如何？

□很好　□不錯　□有待改進_____

3. 購買本書的原因（可複選）？

□作者　□內容　□定價　□設計　□出版社　□抽獎活動　□其他_____

4. 您最喜歡的作品？名稱：_____　理由：_____

5. 您不喜歡的作品？名稱：_____　理由：_____

6. 示範作品的難易程度對您而言？

□適中　□簡單　□太難

7. 目前有興趣的手作主題與建議？_____

8. 是否有想要推薦的朋友或老師？

姓名：_____　連絡電話：_____

網站 / 部落格：_____

9. 自己最喜歡的 3 本手作書書名？

_____

10. 拼布喜好：

□手縫　□機縫　□二者都愛

11. 家中有無縫紉機：

□有（品牌□brother　□NCC　□車樂美　□勝家　□其他_____）　□無

飛天出版　編輯部 收

玩布生活　235新北市中和區中山路二段530號6樓之一